冰冻圈科学丛书

总主编：秦大河

副总主编：姚檀栋　丁永建　任贾文

冰冻圈工程学

吴青柏　李志军　等　编著

科学出版社

北　京

内 容 简 介

本书介绍冰冻圈工程学的研究对象、研究任务、研究意义、研究内容和研究方法；讲述冰冻圈各要素及其力学性质对工程的影响，冰冻圈工程的安全保障技术、设计原则和方法；阐述冰冻圈变化对工程服役性的影响；从工程概况、特点、与冰冻圈的关系以及安全保障技术等方面分析世界上著名的冰冻圈重大工程。

本书可供地理、水文、地质、地貌、大气、生态环境和工程建设等领域有关的科研和技术人员，以及大专院校相关专业师生使用和参考。

审图号：GS（2021）1296 号

图书在版编目（CIP）数据

冰冻圈工程学/吴青柏等编著. —北京：科学出版社，2023.3

（冰冻圈科学丛书 / 秦大河总主编）

ISBN 978-7-03-073868-4

Ⅰ. ①冰… Ⅱ. ①吴… Ⅲ. ①冰川学–研究 Ⅳ. ①P343.6

中国版本图书馆 CIP 数据核字（2022）第 221084 号

责任编辑：杨帅英 赵 晶/责任校对：郝甜甜
责任印制：吴兆东/封面设计：图阅社

科 学 出 版 社 出版
北京东黄城根北街 16 号
邮政编码：100717
http://www.sciencep.com
北京建宏印刷有限公司 印刷
科学出版社发行 各地新华书店经销
*
2023 年 3 月第 一 版 开本：787×1092 1/16
2023 年 3 月第一次印刷 印张：9 3/4
字数：230 000
定价：79.00 元
（如有印装质量问题，我社负责调换）

"冰冻圈科学丛书" 编委会

本书编写组

主　　编：吴青柏

副 主 编：李志军

贡献作者：沈永平　李国玉　贺建桥

　　　　　郭　磊　侯彦东　徐晓明

丛书总序

习近平总书记提出构建人类命运共同体的重要理念，这是全球治理的中国方案，得到世界各国的积极响应。在这一理念的指引下，中国在应对气候变化、粮食安全、水资源保护等人类社会共同面临的重大命题中发挥了越来越重要的作用。在生态环境变化中，作为地球表层连续分布并具有一定厚度的负温圈层，冰冻圈成为气候系统的一个特殊圈层，涵盖冰川、积雪和冻土等地球表层的冰冻部分。冰冻圈储存着全球77%的淡水资源，是陆地上最大的淡水资源库，也被称为"地球上的固体水库"。

冰冻圈与大气圈、水圈、岩石圈及生物圈并列为气候系统的五大圈层。科学研究表明，在受气候变化影响的诸环境系统中，冰冻圈变化首当其冲，是全球变化最快速、最显著、最具指示性，也是对气候系统影响最直接、最敏感的圈层，被认为是气候系统多圈层相互作用的核心纽带和关键性因素之一。随着气候变暖，冰冻圈的变化及对海平面、气候、生态、淡水资源以及碳循环的影响，已经成为国际社会广泛关注的热点和科学研究的前沿领域。尤其是进入21世纪以来，在国际社会推动下，冰冻圈研究发展尤为迅速。2000年世界气候研究计划（WCRP）推出了气候与冰冻圈计划（CliC）。2007年，鉴于冰冻圈科学在全球变化中的重要作用，国际大地测量和地球物理学联合会（IUGG）专门增设了国际冰冻圈科学协会（IACS），这是其成立80多年来史无前例的决定。

中国的冰川是亚洲十多条大江大河的发源地，直接或间接影响下游十几个国家逾20亿人口的生计。特别是以青藏高原为主体的冰冻圈是中低纬度冰冻圈最发育的地区，是我国重要的生态安全屏障和战略资源储备基地，对我国气候、生态、水文、灾害等具有广泛影响，其又被称为"亚洲水塔"和"地球第三极"。

中国政府和中国科研机构一直以来高度重视冰冻圈的研究。早在1961年，中国科学院就成立了从事冰川学观测研究的国家级野外台站——天山冰川观测试验站。1970年开始，中国科学院组织开展了我国第一次冰川资源调查，编制了《中国冰川目录》，建立了中国冰川信息系统数据库。1973年，中国科学院青藏高原第一次综合科学考察队成立，拉开了对青藏高原进行大规模综合科学考察的序幕。这是人类历史上第一次全面地、系统地对青藏高原进行科学考察。2007年3月，我国成立了冰冻圈科学国家重点实验室，其是国际上第一个以冰冻圈科学命名的研究机构。2017 年 8 月，时隔四十余年，中国科学院启动了第二次青藏高原综合科学考察研究，习近平总书记专门致贺信勉励科学考察研究队。此后，中国科学院还启动了"第三极"国际大科学计划，支持全球科学家共同研究好、守护好世界上最后一方净土。

当前，冰冻圈研究主要沿着两条主线并行前进：一是深化对冰冻圈与气候系统之间相互作用的物理过程与反馈机制的理解，主要是评估和量化过去与未来气候变化对冰冻圈各分量的影响；二是以"冰冻圈科学"为核心，着力推动冰冻圈科学向体系化方向发展。以秦大河院士为首的中国科学家团队抓住了国际冰冻圈科学发展的大势，在冰冻圈科学体系化建设方面走在了国际前列，"冰冻圈科学丛书"的出版就是重要标志。这一丛书认真梳理了国内外科学发展趋势，系统总结了冰冻圈研究进展，综合分析了冰冻圈自身过程、机理及其与其他圈层相互作用关系，深入解析了冰冻圈科学内涵和外延，体系化构建了冰冻圈科学理论和方法。丛书以"冰冻圈变化—影响—适应"为主线，包括自然和人文相关领域，内容涵盖冰冻圈物理、化学、地理、气候、水文、生物和微生物、环境、第四纪、工程、灾害、人文、地缘、遥感以及行星冰冻圈等相关学科领域，是目前世界上最全面、系统的冰冻圈科学丛书。这一丛书的出版不仅凝聚着中国冰冻圈人的智慧、心血和汗水，也标志着中国科学家已经将冰冻圈科学提升到学科体系化、理论系统化、知识教材化的新高度。在丛书即将付梓之际，我为中国科学家取得的这一系统性成果感到由衷的高兴！衷心期待以丛书出版为契机，推动冰冻圈研究持续深化、产出更多重要成果，为保护人类共同的家园——地球，做出更大贡献。

白春礼院士

"一带一路"国际科学组织联盟主席

2019 年 10 月于北京

丛书自序

　　虽然科研界之前已经有了一些调查和研究，但系统和有组织地对冰川、冻土、积雪等中国冰冻圈主要组成要素的调查和研究是从 20 世纪 50 年代国家大规模经济建设时期开始的。为满足国家经济社会发展建设的需求，1958 年中国科学院组织了祁连山现代冰川考察，初衷是向祁连山索要冰雪融水资源，满足河西走廊农业灌溉的要求。之后，青藏公路如何安全通过高原的多年冻土区，如何应对天山山区公路的冬春季节积雪、雪崩和吹雪造成的灾害，等等，一系列亟待解决的冰冻圈科技问题摆在了中国建设者的面前。来自四面八方的年轻科学家齐聚在皋兰山下、黄河之畔的兰州，忘我地投身于研究，却发现大家对冰川、冻土、积雪组成的冰冷世界知之不多，认识不够。中国冰冻圈科学研究就是在这样的背景下，踏上了它六十余载的艰辛求索之路！

　　20 世纪 70 年代末期，我国冰冻圈研究在观测试验、形成演化、分区分类、空间分布等方面取得显著进步，积累了大量科学数据，科学认知大大提高。20 世纪 80 年代以后，随着中国的改革开放，科学研究重新得到重视，冰川、冻土、积雪研究也驶入发展的快车道，针对冰冻圈组成要素形成演化的过程、机理研究，基于小流域的观测试验及理论等取得重要进展，研究区域也从中国西部扩展到南极和北极地区，同时实验室建设、遥感技术应用等方法和手段也有了长足发展，中国的冰冻圈研究实现了与国际接轨，研究工作进入了平稳、快速的发展阶段。

　　21 世纪以来，随着全球气候变暖进一步显现，冰冻圈研究受到科学界和社会的高度关注，同时，冰冻圈变化及其带来的一系列科技和经济社会问题也引起了人们广泛注意。在深化对冰冻圈自身机理、过程认识的同时，人们更加关注冰冻圈与气候系统其他圈层之间的相互作用及其效应。在研究冰冻圈与气候相互作用的同时，联系可持续发展，在冰冻圈变化与生物多样性、海洋、土地、淡水资源、极端事件、基础设施、大型工程、城市、文化旅游乃至地缘政治等关键问题上展开研究，拉开了建设冰冻圈科学学科体系的帷幕。

　　冰冻圈的概念是 20 世纪 70 年代提出的，科学家从气候系统的视角，认识到冰冻圈对全球变化的特殊作用。但真正将冰冻圈提升到国际科学视野始于 2000 年启动的世界气候研究计划——气候与冰冻圈计划，该计划将冰川（含山地冰川、南极冰盖、格陵兰冰盖和其他小冰帽）、积雪、冻土（含多年冻土和季节冻土），以及海冰、冰架、冰山、海底多年冻土和大气圈中冻结状的水体视为一个整体，即冰冻圈，首次将冰冻圈列为组成气候系统的五大圈层之一，展开系统研究。2007 年 7 月，在意大利佩鲁贾举行的第 24 届国际大地测量与地球物理学联合会上，原来在国际水文科学协会（IAHS）下设的国际雪冰科学委员会（ICSI）被提升为国际冰冻圈科学协会，升格为一级学科。这是 IUGG 成立 80 多年来唯一的一次机构变化。"冰冻圈科学"（cryospheric science, CS）这一术语始见于国际计划。

在 IACS 成立之前，国际社会还在探讨冰冻圈科学未来方向之际，中国科学院于 2007 年 3 月在兰州成立了世界上第一个以"冰冻圈科学"命名的"冰冻圈科学国家重点实验室"，同年 7 月又启动了国家重点基础研究发展计划（973 计划）项目——"我国冰冻圈动态过程及其对气候、水文和生态的影响机理与适应对策"。中国命名"冰冻圈科学"研究实体比 IACS 早，在冰冻圈科学学科体系化方面也率先迈出了实质性步伐，又针对冰冻圈变化对气候、水文、生态和可持续发展等方面的影响及其适应展开研究，创新性地提出了冰冻圈科学的理论体系及学科构成。中国科学家不仅关注冰冻圈自身的变化，更关注这一变化产生的系列影响。2013 年启动的国家重点基础研究发展计划 A 类项目（超级 973）"冰冻圈变化及其影响研究"，进一步梳理国内外科学发展动态和趋势，明确了冰冻圈科学的核心脉络，即变化—影响—适应，构建了冰冻圈科学的整体框架——冰冻圈科学树。在同一时段里，中国科学家于 2007 年开始构思，从 2010 年起先后组织了 60 多位专家学者，召开 8 次研讨会，于 2012 年完成出版了《英汉冰冻圈科学词汇》，2014 年出版了《冰冻圈科学辞典》，匡正了冰冻圈科学的定义、内涵和科学术语，完成了冰冻圈科学奠基性工作。2014 年冰冻圈科学学科体系化建设进入一个新阶段，2017 年出版的《冰冻圈科学概论》（英文版已于 2022 年出版）中，进一步厘清了冰冻圈科学的概念、主导思想、学科主线。在此基础上，2018 年发表的 *Cryosphere Science: research framework and disciplinary system* 科学论文，对冰冻圈科学的概念、内涵和外延、研究框架、理论基础、学科组成及未来方向等以英文形式进行了系统阐述，中国科学家的思想正式走向国际。2018 年，由国家自然科学基金委员会和中国科学院学部联合资助的国家科学思想库——《中国学科发展战略·冰冻圈科学》出版发行，《中国冰冻圈全图》也在不久前交付出版印刷。此外，国家自然科学基金 2017 年重大项目"冰冻圈服务功能与区划"在冰冻圈人文研究方面也取得显著进展，顺利通过了中期评估。

一系列的工作说明是中国科学家的深思熟虑和深入研究，在国际上率先建立了冰冻圈科学学科体系，中国在冰冻圈科学的理论、方法和体系化方面引领着这一新兴学科的发展。

围绕学科建设，2016 年我们正式启动了"冰冻圈科学丛书"（简称"丛书"）的编写。

根据中国学者提出的冰冻圈科学学科体系，"丛书"包括《冰冻圈物理学》《冰冻圈化学》《冰冻圈地理学》《冰冻圈气候学》《冰冻圈水文学》《冰冻圈生态学》《冰冻圈微生物学》《冰冻圈气候环境记录》《第四纪冰冻圈》《冰冻圈工程学》《冰冻圈灾害学》《冰冻圈人文社会学》《冰冻圈遥感学》《行星冰冻圈》《冰冻圈地缘政治学》分卷，共计 15 册。内容涉及冰冻圈自身的物理、化学过程和分布、类型、形成演化（地理、第四纪），冰冻圈多圈层相互作用（气候、水文、生态、环境），冰冻圈变化适应与可持续发展（工程、灾害、人文和地缘）等冰冻圈相关领域，以及冰冻圈科学重要的方法学——冰冻圈遥感学，而行星冰冻圈则是更前沿、面向未来的相关知识。"丛书"内容涵盖面之广、涉及知识面之宽、学科领域之新，均无前例可循，从学科建设的角度来看，也是开拓性、创新性的知识领域，一定有不足之处，我们热切期待读者批评指正，以便修改、补充，不断深化和完善这一新兴学科。

这套"丛书"除具备学术特色，供相关专业人士阅读参考外，还兼顾普及冰冻圈科学知识的目的。冰冻圈在自然界独具特色，引人注目。山地冰川、南极冰盖、巨大的冰山和大片的海冰，吸引着爱好者的眼球。今天，全球变暖已是不争的事实，冰冻圈在全球气候变化中的作用日渐突出，大众的参与无疑会促进科学的发展，迫切需要普及冰冻圈科学知识。希望"丛书"能起到普及冰冻圈科学知识、提高全民科学素质的作用。

"丛书"和各分册陆续付梓之际，冰冻圈科学学科建设从无到有、从基本概念到学科体系化建设、从初步认识到深刻理解，我作为策划者、领导者和作者，感慨万分！历时十三载，"十年磨一剑"的艰辛历历在目，如今瓜熟蒂落，喜悦之情油然而生。回忆过去共同奋斗的岁月，大家为学术问题热烈讨论、激烈辩论，为提高质量提出要求，严肃气氛中的幽默调侃，紧张工作中的科学精神，取得进展后的欢声笑语……，这一幕幕工作场景充分体现了冰冻圈人的团结、智慧和能战斗、勇战斗、会战斗的精神风貌。我作为这支队伍里的一员，倍感自豪和骄傲！在此，对参与"丛书"编写的全体同事表示诚挚感谢，对取得的成果表示热烈祝贺！

冰冻圈科学学科建设和系列书籍编写过程中，得到许多科学家的鼓励、支持和指导。已故前辈施雅风院士勉励年轻学者大胆创新，砥砺前进；李吉均院士、程国栋院士鼓励大家大胆设想，小心求证，踏实前行；傅伯杰院士在多种场合给予指导和支持，并对冰冻圈服务提出了前瞻性的建议；陈骏院士和中国科学院地学部常委们鼓励尽快完善冰冻圈科学理论，用英文发表出去；张人禾院士建议在高校开设课程，普及冰冻圈科学知识，并从大气、海洋、海冰等多圈层相互作用方面提出建议；孙鸿烈院士作为我国老一辈科学家，目睹和见证了中国从冰川、冻土、积雪研究发展到冰冻圈科学的整个历程；白春礼院士也对冰冻圈科学给予了肯定和支持，等等。在此表示衷心感谢。

"丛书"从《冰冻圈物理学》依次到《冰冻圈地缘政治学》，每册各有两位主编，分别是任贾文和盛煜、康世昌和黄杰、刘时银和吴通华、秦大河和罗勇、丁永建和张世强、王根绪和张光涛、陈拓和张威、姚檀栋和王宁练、周尚哲和赵井东、吴青柏和李志军、温家洪和王世金、效存德和王晓明、李新和车涛、胡永云和杨军以及秦大河和杜德斌。我要特别感谢所有参加编写的专家，他们年富力强，都承担着科研、教学或生产任务，负担重、时间紧，不求回报，圆满完成了研讨和编写任务，体现了高尚的价值取向和科学精神，难能可贵，值得称道！

"丛书"在编写过程中，得到诸多兄弟单位的大力支持，宁夏沙坡头沙漠生态系统国家野外科学观测研究站、复旦大学大气科学研究院、云南大学国际河流与生态安全研究院、海南大学生态与环境学院、中国科学院东北地理与农业生态研究所、延边大学地理与海洋科学学院、华东师范大学城市与区域科学学院、中山大学大气科学学院等为"丛书"编写提供会议协助。秘书处为"丛书"出版做了大量工作，在此对先后参加秘书处工作的王文华、徐新武、王世金、王生霞、马丽娟、李传金、窦挺峰、俞杰、周蓝月表示衷心的感谢！

秦大河

中国科学院院士

冰冻圈科学国家重点实验室学术委员会主任

2019 年 10 月于北京

前　言

　　陆地和海洋冰冻圈区域蕴藏着丰富的石油、天然气和矿产等资源，社会经济发展和资源开发利用必然涉及基础设施建设，如公路、铁路、机场、输电线路以及油气管道等。在冰冻圈区域开展基础设施建设将会受到冰冻圈各要素的影响，同时，基础设施建设也会对冰冻圈各要素产生影响。因此，冰冻圈工程学主要研究冰冻圈各要素与工程构筑物之间的相互作用关系，确保冰冻圈区域内工程基础设施运营安全。

　　因冰冻圈区域资源开发和利用的工程建设需求，工程师们逐渐认识到冰冻圈各要素对工程的重要影响。由于冰冻圈区域大多是人迹罕至的区域，若非工程建设的巨大推动力，人类很少关注这些人迹罕至的区域。因此，冰冻圈工程学研究走在了学科的前列，如对陆地冰冻圈冻土的认识，最早期是从工程建设开始的，冻土对工程构筑物的影响使得工程师们开始逐渐认识和理解冻土，然后由科学家逐渐将冻土学发展形成一门科学。正是由于工程建设的需要，人们才开始认识工程区域内冰冻圈各要素的分布规律、影响因素等，以及对工程构筑物产生的影响。所以，冰冻圈工程学对冰冻圈科学的发展具有非常重要的意义。

　　冰冻圈工程学的首要任务是如何在冰冻圈区域内确保工程构筑物的安全稳定，最大限度地避免冰冻圈各要素对工程构筑物安全运营产生威胁，充分发挥工程构筑物的服役功能。

　　冰冻圈工程学是"冰冻圈科学丛书"的核心教材，全书共分7章。第1章绪论，主要阐述冰冻圈工程学的研究对象、研究任务、研究意义和研究内容，冰冻圈工程学与冰冻圈科学的关系，以及冰冻圈工程学的发展现状和发展趋势；第2章冰冻圈工程学研究方法，从地质勘测与野外观测、室内实验与分析、遥感与地理信息以及数值模拟四个方面来介绍冰冻圈工程学的研究方法；第3章冰冻圈环境与工程，阐述冰川、积雪、冻土、河湖冰和海冰分布和特征，以及其灾害对工程的影响；第4章冰冻圈要素的力学性质，介绍冰、雪、冻土、海冰和河湖（水库）冰的力学性质及其对工程的影响；第5章冰冻圈工程安全保障技术，主要介绍冰川、积雪和河湖（水库）冰的灾害防治技术以及冻土工程和海冰工程的安全保障技术；第6章冰冻圈变化与工程服役性，突出冰冻圈各要素的变化特征和趋势，阐述冰冻圈各要素变化对工程服役性的影响；第 7 章冰冻圈重大工程案例，突出介绍冰冻圈典型区域的代表性工程。本书阐述了冰冻圈工程学的应用基础理论，也介绍了工程实践理论，充分论证了冰冻圈区域人类巨大工程成就。

　　本书疏漏之处在所难免，希望读者不吝批评指正，以便未来再版时进一步修订和改正。

作　者

2022 年 10 月

目　录

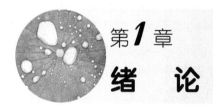

第1章
绪　论

本章主要介绍冰冻圈工程学的研究对象、研究任务、研究意义、研究内容、与冰冻圈科学的关系，以及冰冻圈工程学的发展现状和发展趋势，可以使学生全面了解学习冰冻圈各要素与工程之间相互作用的一般性原理，更关注冰冻圈工程的应用基础理论和工程实践原理。

1.1　冰冻圈工程学与冰冻圈科学

1.1.1　冰冻圈工程学与冰冻圈科学的关系

冰冻圈工程学是研究冰冻圈要素（冰川、冻土、积雪和河湖海冰）与工程构筑物之间相互作用关系的一门学科，主要涉及力学和热力学作用的影响。冰冻圈科学是冰冻圈工程学的理论基础，对冰冻圈工程学起到了重要的基础理论支撑作用。在冰冻圈诸要素中，冰川和积雪主要以灾害的形式对工程构筑物安全运营和工程服役性产生影响，冰川和积雪灾害的发生与规模决定了其对工程构筑物破坏的影响程度及工程服役功能的发挥。冻土作为承载上部工程构筑物的地基土，其物理力学和工程性质对工程构筑物的服役性和安全运营具有重要作用和影响，同时冻融灾害对工程构筑物产生重要的影响。河湖冰可作为冬季临时的物质运输通道，且河湖（水库）冰直接作用于工程构筑物，对工程构筑物，特别是水利工程构筑物将产生直接影响。因此，从保障工程安全视角研究冰冻圈诸要素影响、工程安全保障技术和工程服役性是冰冻圈工程学关注的重点。

冰冻圈科学是研究自然背景条件下，冰冻圈各要素形成、演化过程与内在机理，冰冻圈与气候系统其他圈层相互作用，以及冰冻圈变化的影响和适应的新兴交叉学科（秦大河等，2017）。冰冻圈科学的目的是认识自然规律，服务人类社会，促进可持续发展。作为冰冻圈科学服务于人类社会、促进可持续发展的重要学科，冰冻圈工程学与冰冻圈科学密不可分。在冰冻圈科学体系中，冰冻圈工程学处于与其他圈层之间相互作用及影响和适应，特别是工程活动对冰冻圈各要素的相互影响机理和适应途径这个层面上。从冰冻圈与可持续发展的关系视角来看，冰冻圈工程被定位在冰冻圈的服务功能及其价值评估方面（Qin et al., 2018）。但是，寒区工程需要同时面对寒区社会和经济的发展途径选择、冰冻圈变化所产生的灾害对工程建筑物的影响和冰冻圈变化，特别是多年冻土变化对工程构筑物安全运营所产生的重要影响。从冰冻圈科学学科分支结构来看（秦大河等，2017），冰冻圈工程学与冰冻圈适应和可持续发展相对应，即冰冻圈科学研究服务于人类社会经济发展。在研究冰冻圈工程学时，冰冻圈要素形成规律和变化过程是理解冰冻圈工程学的学科基础，同时关注冰冻圈变化及其影响，采取相应的工程安全保障技术可以适应这种变化和影响，从而维护工程服役功能。例如，陆地冰冻圈最广泛分布的冻土是承载工程的地质体，需要掌握冻土形成规律、变化过程和工程性质，研究多年冻土变化后所产生的冻融灾害和工程性质变化对工程稳定性的影响，同时关注工程服役功能对经济社会发展的影响。

　　对冰冻圈诸要素的认识和研究是伴随着冰冻圈区域工程建设开始的，冰冻圈工程学研究可能早于冰冻圈诸要素分支学科，社会经济发展可以使冰冻圈工程学得以迅速发展和壮大。北极蕴藏着丰富的石油、天然气和矿产资源，开发能源和矿产资源时，需要研究多年冻土和海冰对工程构筑物的影响，冰冻圈工程学早期逐渐形成了冻土工程学和海冰工程学。大量的寒区道路工程受到积雪的影响，可以关注并采取一些工程措施来防治风吹雪（又叫风雪流，简称吹雪）对道路工程服役功能的影响。随着冰冻圈研究的深入发展以及气候变化对冰冻圈逐渐显著的影响，冰冻圈灾害对各种工程构筑物的影响和破坏受到了广泛的关注，在冰冻圈影响区域，基础设施建设已经不能从传统单一的冰冻圈要素的过程和变化来理解其影响和破坏，而需要从冰冻圈科学整体的视角来研究工程稳定性问题。因此，从传统意义上讲，冻土工程学和海冰工程学成为冰冻圈工程学重要的分支学科。但随着气候变化影响，从冰冻圈灾害风险、气候变化适应性和社会可持续发展角度来看，冰冻圈工程学是一门全新的学科。因此，从某种意义上来说，冰冻圈工程学是一门既传统又新兴的多学科交叉的学科。

1.1.2　冰冻圈工程学及其任务

　　冰冻圈工程学是研究冰冻圈各要素（冰川、冻土、积雪和河湖海冰）与各类工程之间相互作用关系的科学，是冰冻圈科学的一个分支。冰冻圈工程学属于工程科学的研究范畴，但也有别于冰冻圈科学的纯基础研究，是冰冻圈工程与冰冻圈科学及其他学科高度融合的研究。冰冻圈工程学有两层含义：①研究与冰冻圈区域内工程建设有关的工程地质条件适宜性、工程设计原则和工程技术方法，保证工程建筑物安全施工和运行，这是冰冻圈工程学研究的主要内容；②研究工程建设对冰冻圈诸要素环境的相互影响，保证冰冻圈诸要素环境不会因工程建设带来较大的负面影响，确保工程建设在社会可持续发展中发挥重要的作用，这是冰冻圈工程学在气候变化和可持续发展中必须考虑的内容。

冰冻圈诸要素对气候、环境和社会经济活动响应具有敏感性，需要把工程、冰冻圈诸要素、气候、环境和社会经济活动作为一个整体加以系统研究。因此，冰冻圈工程学，除研究岩土类型及其工程性质、地质结构和构造、天然地应力、地下水条件、地貌条件、地质作用和现象、天然建筑材料等传统的工程地质条件的七大方面外，还需要特别研究冰冻圈诸要素的特征、分布规律、变化过程、地貌条件，以及冰冻圈环境与灾害等。这些基础工程地质条件，特别是冰冻圈诸要素与工程有关的工程适宜性条件，对于冰冻圈影响区域的工程建设来说是至关重要的，也是冰冻圈影响区域工程建设的核心和应用基础。只有搞清楚冰冻圈影响区域对工程影响的地质条件，才能够准确把握各类工程的设计原则、设计方法和工程技术措施，保证工程建筑物安全施工和运行。

气候变化、环境演变和人类社会经济活动强度等均对冰冻圈诸要素有较强的热影响，特别是对承载工程的多年冻土会产生强烈的热影响，从而引起多年冻土退化、地下冰融化，造成地表融化下沉等，进而造成工程构筑物失稳和破坏。同时，气候变化、环境演变和人类社会经济活动也极易引起冰冻圈灾害，如冰川消融洪水、冰（碛）湖溃决、融雪径流、风吹雪等，从而导致影响区域内工程构筑物的破坏和服役功能丧失，造成极大的生命财产安全损失。冬季河湖（水库）冰可作为临时物质的运输通道，随着气候变暖，运输通道的可利用时间大大缩短。冰冻圈诸要素与工程稳定性关系极为密切，冰冻圈诸要素变化及其所诱发的灾害直接或间接地影响和破坏工程服役功能。因此，我们需要对冰冻圈诸要素的变化和所诱发的灾害有较为准确的预判，充分估计冰冻圈诸要素的变化，为冰冻圈灾害防治技术提供科学依据。

综上所述，冰冻圈工程学研究的主要任务如下：①通过地质勘测、野外监测和数值模拟等方法，研究冰冻圈诸要素分布特征和变化过程与工程稳定性和工程服役性相互作用关系，并预测冰冻圈诸要素对工程稳定性的影响趋势；②研究人类活动对冰冻圈诸要素环境的影响及其诱发的冰冻圈灾害，提出保障工程安全运营的工程设计原则、设计参数、工程技术措施和灾害防治技术以及冰冻圈环境保护对策；③研究气候和环境变化影响下工程服役性及其对社会经济的影响，提出气候变化影响下冰冻圈影响区域的工程建设规模和强度、工程的适应性技术和措施，提升冰冻圈工程服役功能。

1.2 冰冻圈工程学研究意义

广阔的冰冻圈区域蕴藏着丰富的石油、天然气和矿产资源，能源和资源开发利用需要基础设施建设先行。冰冻圈工程学研究作为其重要保障，将最大限度地保证冰冻圈区域工程服役功能提高与工程基础设施的建设和安全运营。随着冰冻圈区域社会经济发展，重大工程建设和寒区经济开发强度不断增强，与适应冰冻圈各要素变化过程的技术措施发展缓慢形成矛盾。冰冻圈快速变化引起的介质异常行为特征极易诱发灾害，冰冻圈已成为重大工程安全的致灾因子和重要的灾害策源地。特别是气候变暖造成的冰川洪水、冰川湖（简称冰湖）溃决洪水、冻土融化、融雪洪水、河冰冰坝与冰塞等，严重威胁冰冻圈区重大工程安全，对冰冻圈区域经济和可持续发展产生重要影响。因此，研究冰冻圈工程对冰冻圈区域内经济和社会可持续发展具有重要的理论意义与现实意义。

西部大开发、东北振兴战略实施地区和"一带一路"倡议沿线地区全部位于快速变化的冰冻圈诸要素的分布区域，这些区域也是我国冰川、冻土、积雪、河湖海冰等最广泛分布且集中的区域，其社会经济发展和基础设施建设均受到冰冻圈变化广泛而深刻的影响。同时，青藏高原和大小兴安岭地区也是我国重要的生态安全屏障。因此，冰冻圈区域是关系到我国交通通畅、能源保障、水利安全核心生态屏障建设的重要区域。与交通运输相关的基础设施工程和冰冻圈变化息息相关，正在运行的重大基础设施工程，如青藏高原、西北地区、东北地区等地铁路、公路、水利基础设施、输油管道、高速铁路等，无一不受到冰川、冻土、积雪、河湖海冰等冰冻圈诸要素快速变化所诱发的突发性冰冻圈灾害的巨大威胁，未来气候变暖使冰冻圈区域工程安全和服役功能面临较大的风险。拟建的青藏高速公路和格拉输油（气）管道工程等，面临冰冻圈变化和气候变化的巨大挑战。在能源保障方面，西北和东北地区的输油（气）管道都不可避免地穿越了冻土区地带，这对于管道的设计、施工、运营和维护提出了更高的要求。水利相关基础设施的安全运行也受到冰冻圈的深刻影响，已建的南水北调中线工程运营中，需要揭示人工渠道冰塞发展规律及防止冰塞发生的工程和非工程措施机理，结构物附着冰强度和清理技术是其中不可忽视的问题。南水北调西线要穿越青藏高原东部强烈退化的多年冻土区，修筑如渠道、水库、大坝以及抽水电站等大型配套水利设施，这样会对多年冻土产生巨大的影响。开展大型配套水利设施工程对多年冻土的热力稳定性的影响规律和机理、多年冻土与水库库岸稳定性、坝基稳定性和坝基渗漏相互作用关系、水库下部多年冻土对地表水体的响应等研究，是未来工程需要面临的复杂的技术难题。总之，冰冻圈区域内的重大基础设施建设面临着其要素变化的巨大影响，必须开展相应的重大工程安全保障技术和工程服役功能提高的研究，为冰冻圈区域经济建设及快速发展提供科学与技术支撑。

同时，冰冻圈作用区突发性灾害将严重影响到"一带一路"沿线基础设施建设。例如，中巴经济走廊，需要穿越冰冻圈作用的高海拔山区，这里冰川和积雪丰富。随着气候变暖，冰川和积雪融水增多，从而增加了水利工程设施在本来偏少的地区安全运行的压力。冰川湖冰决堤洪水、泥石流、雪崩均因气温升高趋向不稳定发展，突发事件的频率将会增加。它们直接威胁水利工程设施和道路设施的安全运行。同时，中巴经济走廊也因冻融作用导致大量的边坡崩塌和失稳的地质灾害。未来在冰冻圈区域建设高速公路和高速铁路是国家发展的必然趋势。然而，高速公路、高速铁路对路基稳定性的要求极高，如何在热力稳定性极差的、对气候、环境和工程响应极为敏感的多年冻土区修筑对变形具有极高要求的高速公路、高速铁路，是多年冻土区面临的全新问题。尤其是"一带一路"交通基础设施建设中，北京—莫斯科高速铁路和中俄加美高速铁路更是极具挑战性。"一带一路"倡议基础设施建设工程急需的研究和冰冻圈工程技术，需要重点分阶段实施技术突破，解决工程建设中寒区工程技术的瓶颈问题。

通过对冰冻圈诸要素分布规律和变化过程以及冰冻圈灾害与工程之间互馈关系的研究，提出解决重大工程安全保障技术，最大限度地保证减缓和适应冰冻圈变化对工程产生的重大影响，这对于保障交通运输通畅、能源运输安全、水利设施安全和生态屏障建设需求均具有重要的研究意义。

1.3 冰冻圈工程学研究内容

冰冻圈工程学涉及与冰冻圈科学有关的所有学科和工程技术，是交叉性极强的新兴学科。冰冻圈诸要素，包括冰川、冻土、积雪、河湖海冰等，与工程的关系和特点存在较大的区别。

冻土作为承载工程构筑物的地质体，与工程构筑物具有复杂的相互作用关系。一方面，工程热扰动会直接导致其下部冻土快速升温和融化，引起工程构筑物发生冻胀和融化下沉变形；另一方面，冻土变化也会诱发冻融灾害，如热融滑塌、融冻泥流、冻土滑坡等的发生，影响工程的稳定性和安全运营。冻土对不同类型工程的热扰动影响具有不同的响应特征，输油管道是一种内热源，极易引起输油管道下部冻土强烈融化并下沉。公路、铁路工程是一种表面热源线性工程，修筑路堤显著地改变了地表能量平衡，对冻土热稳定性产生了较大影响。水利设施具有强烈的水力渗透热影响，房屋存在人为采暖的热影响，这些不同类型工程需要采用不同设计方法和冻融作用影响防治技术，以达到控制工程构筑物稳定性的目的。

冰川、积雪与工程也有着密切的关系，冰川和积雪既能够以固体水源的形式担负起工程建设区水资源重任，又能够以突发性变化诱发灾害并超越人类的防范能力。因此，冰川和积雪变化对工程安全运营存在潜在危害，需采取工程技术措施来防治冰雪灾害对工程的影响。研究冰川、积雪分布和灾害形成对工程安全运营的影响及其防治技术措施是冰川积雪区工程的主要内容。

河湖海冰可作为冬季临时构筑物或运输通道加以利用，同时构筑在河湖海冰上的固定式和浮式结构物需抵御河湖海冰作用力，减少河湖海冰的作用力对构筑物的影响。然而，固定式构筑物不能主动躲避冰作用力的影响，其安全运行需要较高的抗冰能力。河湖（水库）冰对工程的影响主要研究工程构筑物的抗冰能力和抗冰技术措施。

因此，冰冻圈工程学的研究内容主要包括以下四个方面：

（1）与冰冻圈区域内工程建设有关的勘测、设计原则、设计参数和施工技术方法及其环境保护问题研究。

对于冰川、积雪来说，勘测主要包括冰川积雪的分布规律和冰雪灾害的形成对区域内的工程稳定性影响的评价，并依据工程重要性对历史冰川积雪消融洪水的发生规模进行分析以及对未来冰雪消融洪水进行预估，进而给出重要构筑物，如桥梁、隧道等的设计原则和设计参数。

对于冻土来说，需要阐明多年冻土特征和不良冻土地质现象，针对工程可行性研究、初步设计、详细设计和施工阶段以及运营阶段，开展局地尺度下冻土工程地质测绘，阐明区域尺度多年冻土空间分布及其影响因素与工程的关系（吴青柏等，2018）。依据工程类型提出相应的工程设计原则和设计参数，以及保证冻土工程稳定性的方法和技术措施。由于冻土与环境之间具有极为密切的关系，因此环境保护问题也是冻土工程中需要关注的问题，包括冻土工程与生态环境之间的相互关系。

对于河冰和渠道冰，需要分析水文站长期积累的冰资料，形成河冰生消过程，结合气象水文资料建立起冰厚度同负积温的关系；了解河流直道和弯道处冰生消和冰块运动的特征；认识冰塞和冰坝发生的规律。在此基础上，评估河冰对水工结构物的坝体、闸门挤压力和闸门灵活操作的影响，评估渠道渡槽、边坡的静冰压力、河中桥墩上的流冰撞击力等，为结构物设计的方案选择和优化、规划和施工提供依据。对于水库冰，同样需要类似观测资料基础上的冰情模型和参数，来支撑水库边坡抗冰推的设计。对于海冰，除需要与河冰相同观测资料基础上的冰情模型和参数外，还需要海冰流动的转向性、海冰随风运动和堆积、重叠以及结构物前的爬坡现象等特征的调查和统计参数，来满足抗冰结构物安全运营的设计。

（2）冰冻圈因子的物理、力学、热学特性和工程性质基础理论研究。

冰冻圈诸要素中冰川、积雪并不作为承载工程的地质体，所以一般不研究其物理和力学性质。但其物理、力学等特性与冰雪灾害的形成和发生等有密切关系，在冰雪灾害的发生和形成机理研究中需要考虑。

对于河湖（水库）海冰来说，工程结构物主要是抵抗冰作用力，因此重点研究河湖（水库）海冰的物理、力学性质的季节性变化以及以冰破碎为前提的结构物的最低抗冰能力。只有在海冰和河湖（水库）冰上建设冰道和冰岛钻井平台时，才将冰作为结构物的地基来承担上部荷载。

由于冰属于冷生温度敏感性材料，冰的物理、力学、热学行为，特别是它们的工程行为是工程冰的基本内容。冰与结构物是相对运动的关系，因此冰动力学行为是一个关键工程特征。

冻土是一种由土颗粒、未冻水、冰和气体组成的四相体，其物理、力学和工程性质均受到土体负温、含冰量和未冻水含量的影响，直接影响其工程稳定性的变化。因此，冻土的物理、力学、热学和工程性质是研究冻土工程的重要基础。

（3）冰冻圈因子及其诱发的灾害对工程稳定性、服役性和安全运营的影响以及安全保障技术和方法研究。

冰川、积雪主要以灾害的形式对工程产生影响，因此，需要研究冰川积雪的发生、发展与灾害形成之间的关系，特别是关注冰川积雪洪水和泥石流等灾害对工程构筑物的破坏和影响，提出重要构筑物的冰雪灾害设防标准和工程设计参数以及灾害防治方法。积雪灾害，如暴风雪、风吹雪等，虽不影响工程稳定性，但对工程服役性将产生重要的影响。

河湖（水库）冰凌汛和开河等河冰重要的工程问题、寒区冬季输水问题，以及水库冰冻作用等，是河湖冰的主要灾害问题。冬季河湖（水库）冰冻作用对工程的影响以及抗冰冻技术措施是其主要研究内容。对于海冰，主要研究冬季结冰对工程构筑物的破坏作用及抗冰技术方法和措施。对于刚性结构物，其寿命取决于冰的撞击力；对于柔性结构物，破冰引起的结构物振动以及疲劳损伤决定结构物寿命。当冰作为结构物地基（如冰道）或者结构物材料（冰灯）时，由于中国的冰均为季节性现象，因此结构物的寿命都是短时的。但冰消引起的取水口堵塞，可能会造成核电站、船舶冷却系统受到影响，进而引起设备停机、动力降低，乃至设备损伤。

土体冻胀和融沉不仅是各类冻土工程的主要灾害形式，也是自然状态下不良冻土地质现象的灾害类型。冻土工程中不仅要研究土体本身的冻胀和融沉对工程稳定性和服役性的影响，而且要研究工程影响诱发的次生灾害问题。因此，冻土工程需要研究减小冻胀和融沉的工程技术措施，同时也需要研究确保工程稳定性和服役性的冻土热力稳定性的调控技术措施。

（4）冰冻圈工程及其所诱发的工程灾害监测、预测、预警、风险评估以及与社会可持续发展之间的关系研究。

冰冻圈工程安全运营与维护是工程重点的研究内容，特别是工程稳定性的监测与预测。同时，由于气候变化和工程影响极易诱发冰冻圈灾害，因此工程影响区域的工程灾害的监测、预测和预警以及风险评估是冰冻圈工程学的长期研究任务。海冰工程管理措施囊括海冰冰情监测、冰情预报和预警、应急风险处置等环节，在河冰和南水北调冬季冰期输水工程管理的基础上，发展到灾害发生后的经济损失评估。

1.4　冰冻圈工程学的发展现状

冰冻圈工程学是一门年轻而古老的学科，说其年轻是因为冰冻圈诸要素综合在一起考虑工程设计和施工以及运营维护才刚刚开始，在现代气候变暖的背景下，冰冻圈诸要素对工程的影响是广泛的；说其古老是因为其部分分支学科，如冻土工程学、海冰工程学等，均已发展有一个世纪，已形成一套完整的理论和技术方法体系。但对于冰川、积雪、河湖海冰等冰冻圈要素，其工程研究停留在单一灾害防治技术或者解决工程实际问题的层面上。

1.4.1　冻土工程

对中国冻土的认知主要是从 20 世纪 50 年代开始的，其源于寒区工程建设，可以说伴随着冻土工程研究而逐渐发展形成中国冻土学的相关分支或领域，国际上冻土学科发展也是源于极地和寒区基础设施建设。

苏联为开发西伯利亚，在 20 世纪 30 年代就率先开始了冻土问题研究，横穿西伯利亚大铁路和西伯利亚－太平洋管道系统的建设推动了俄罗斯的冻土和寒区工程研究，先后建立了工程冻土学、冻土物理学、冻土力学、普通冻土学等学科体系和框架，解决了大量工程问题，制定了一系列寒区冻土工程勘测、设计和施工规范 （Yershov, 1988）。加拿大早在 20 世纪 40 年代中期就着眼于冻土区域自然和工程研究，特别是寒区矿山工程、油气资源勘探和开发，如对机场道路、大陆架和冻土区石油钻井平台等研究较为深入 （Johnstone, 1981）。马更些谷地油气开发和诺曼韦尔斯输油管线建设推动了多年冻土区输油管线工程的设计和施工以及工程活动对冻土环境和生态环境的影响研究，产生了巨大的社会经济效益。为了解决在第二次世界大战期间寒区军事建设中遇到的冻土问题，美国于 1944 年在加拿大等国的协助下开始对冻土问题进行研究，成立了雪冰多年冻土研究部门，主要开展寒区和多年冻土区的机场、道路和工程结构物的设计和施工方面的研究；1961 年成立了美国陆军寒区研究和工程实验室（CRREL），开展了寒区工程设计与施工研究、雪冰工程及寒区设备研制等，参与了阿拉斯加（Alaska）输油管线的工程设计和施工，大量开展了极地海冰工程和南极考察、制图、冻土和冰工程研究。该实验室提出了一系列适合美国寒区工程构筑物的设计和施工方法。同时，美国海军部在阿拉斯加巴罗成立了海军北极研究实验室 （NARL），取得了寒区工程研究的重要成就。除此之外，其他一些国家也在相继开展冻土学研究，如德国、挪威、丹麦、日本、瑞士、法国、英国、哈萨克斯坦、蒙古国等国取得了一定的研究进展，但大都局限于冻土环境与全球气候变化相互关系、第四纪冻土和冰缘环境等方面的研究。冻土工程研究仅局限于小范围的预防和治理性研究工作。近年来，欧洲冻土研究发展迅速，特别是在多年冻土与全球变化研究方面，欧洲专门设立了冻土灾害与全球变化的大项目，重点研究全球变化引起的冻土变化所导致的冻土滑坡、热融滑塌等冻土灾害。

我国是世界第三冻土大国，从 20 世纪 50 年代开始冻土研究，最初是为解决东北大小兴安岭林区和季节冻土区工程建筑中的冻土问题 （周幼吾等，2000）。70 多年来，我国在寒区开展了大量的工程和经济开发活动，涉及寒区水利、公路、铁路、输油管道等工程。其中，青藏公路、青藏铁路、中俄输油管道、青藏直流联网等多年冻土区工程和季节冻土区哈大高速铁路工程，均是标志性重大冻土工程。其研究不仅带动了我国冻土学的快速发展，而且也极大地提升了我国在寒区冻土工程研究和实践中的国际地位。随着气候变暖、生态环境变化和冻土退化，寒区经济和工程活动日益频繁、增强。处在前期规划的青藏高速公路工程、南水北调西线工程、输油管道工程，青藏高原的煤炭和石油天然气资源开发与利用以及西部地区经济快速发展，寒区冻土工程稳定性和冻土环境、生态环境面临着前所未有的考验和挑战。国内曾有数十家科研机构、设计院在开展冻土工程研究。我国通过开展普通冻土学、冻土物理力学和冻土工程的研究，掌握了多年冻土分布特征、多年冻土发生发展的基本规律；阐明了冻土物理力学基本性质以及过程；理解了冻土冻胀和融沉基本工程性质的变化，并提出了防治冻害的方法和技术；结合工程需求，阐明了寒区道路工程中冻土变化规律以及建立了基本的设计理论和方法。这些研究为我国冻土研究奠定了良好的理论基础，使我国冻土研究水平与俄罗斯、美国等国家的距离逐渐缩小。

1.4.2　冰川与积雪工程

冰川进退变化、冰川消融洪水及其冰湖溃决引起的洪水、泥石流是威胁道路桥梁的重要灾害。早在 20 世纪 70 年代末，我国就围绕着冰川作用区的寒区公路工程开展了相关的研究，较为深入地研究了冰川灾害的发生和发展趋势。例如，1974～1975 年，我国围绕着喀喇昆仑公路巴托拉段的修复方案，研究和预测了巴托拉冰川前进的变化趋势，为制定公路修复方案提供了重要的科学支撑。我国自 1958 年系统地开展冰川学研究以来，对冰湖溃决洪水灾害给予了很高的重视，先后对喜马拉雅山区朋曲和波曲河流域冰碛阻塞湖溃决洪水灾害、喀喇昆仑山区叶尔羌河流域冰川阻塞湖溃决洪水的形成与溃决机制等进行了深入的研究。在气候转暖大背景下，冰川不断退缩，冰川湖蓄水量趋于减少，因此发生溃决洪水的频率和洪水量将日益减少。但实际情况是，20 世纪 80 年代开始全球气候变暖，尤其是 90 年代的剧烈增温过程，使冰川消融加剧、冰川流速加快、冰川快速前进再次阻塞河道形成冰湖，从而发生频繁的大冰湖溃决洪水，这严重威胁着冰川下游的公路、桥梁和水利设施的安全。

我国很早就有对积雪和雪害的描述。1949 年后，中国科学院有关研究所、中国气象局、新疆维吾尔自治区和西藏自治区及黑龙江省等交通运输厅（原交通厅）、哈尔滨与沈阳铁路局、内蒙古自治区农牧厅等相继开展过积雪和雪害的调查及防治研究。特别是中国科学院兰州冰川冻土研究所成立后，其和有关部门较系统、深入地进行了积雪、风吹雪、雪崩的研究，并在它们的形成理论、分类、时空分布特征、运动规律、危害机理及防治研究等方面取得了很大进展。

20 世纪 60 年代起，我国科技和交通部门的科研人员不断更新测试仪器，坚持野外观测、风洞模拟实验和防雪工程试验，进行了天山等地道路风吹雪及其防治研究（王中隆，2001）。从多年实践中深入研究了风吹雪形成的天气条件，雪粒起动的物理过程和影响因素，运动形式与发育长度，起动风速与雪的性质、温度等的关系，影响风吹雪的各参数在时间和空间上的变化所导致的风吹雪输送率的时空变化和风雪流的时空分布特征；总结出满足几何、运动、动力和时间等相似准则，进行风吹雪的风洞模拟实验及野外资料系统收集；从大量观测和工程试验中，提出了一套适合我国预防风吹雪原则与综合治理的措施，并分析了各种措施的作用机理、使用范围和设计方法等。

我国于 1975～1977 年在南疆铁路奎先达坂段修建过程中，设计了不易积雪的路基及采用"阻"的措施预防雪害,使该段铁路至今保持畅通;1980~1982年,在伊诺公路艾肯达坂首次成功实施透风式下导风和"改"的土石型工程,改变了一年中4~6个月因严重风吹雪不能通车的现象;1983年在老风口公路使用"改"和"阻"的措施防治雪害;1984年起西藏自治区交通科学研究所和中国科学院兰州冰川冻土研究所开展了青藏公路风吹雪及其防治研究;2001年出版了第一本风雪流专著《中国风雪流及其防治研究》(王中隆,2001);2002年内蒙古锡林郭勒盟交通科学研究所、黑龙江省交通科学研究所和吉林大学共同参与了交通部西部交通建设科技项目"公路风吹雪雪害成因与预警研究",总结并提出了具有普遍指导性和适用性的一套较为完整的公路风吹雪理论体系。

自1934年以来,国外许多专家研究了各种模型雪的物理化学性质与风吹雪实验相似理论,开展了较为系统的风洞模拟实验,促进了风雪流及其防治研究的发展。风洞模拟实验可再现风雪流运动特征,进行防治措施的比选,大量节省研究经费,缩短研究周期和提高研究水平。从1969年起,中国科学家在中国科学院兰州沙漠研究所的风洞中进行了风雪流的形成、运行、不同形式和规格的路基雪堆积过程及其防治措施的模拟实验,为风吹雪研究与大型防护工程设计提供了一定的依据。随着计算能力和计算机软件的快速发展,计算流体动力学(computational fluid dynamics)技术已成为处理多风雪地区建筑物风雪流问题的有效工具和发展趋势。近年来,随着遥感技术和水文模型的发展,利用遥感数据可提供积雪粒径和积雪分布等风吹雪模拟所需的基本信息,可弥补单纯依靠风吹雪动力模型的不足,但遥感数据具有时间不连续以及不利于风吹雪预报的特征。气象水文方法的积雪过程模型可模拟包括积雪粒径以及雪水当量在内的积雪属性的时间演变,这为风吹雪的区域模拟特别是预测提供了可靠的技术手段。结合风吹雪动力过程模型、遥感技术手段以及积雪过程模型,有望准确进行实际风吹雪的模拟和预报。

1.4.3　河湖（水库）冰工程

河湖(水库)冰是冬季寒冷地区江河中普遍发生的一种水体冻结过程,在北半球60%的淡水水体和中国30°N以北地区都有不同程度的结冰现象。加拿大、美国、俄罗斯、挪威、瑞典、芬兰、日本、中国等都有各种河湖(水库)冰工程结构物。冰封期的冰层和流凌期的冰塞、冰坝等改变了河道、湖泊(水库)的水力、热力和几何边界条件,引起河床冲刷加速,也导致水力发电减少、水厂供水中断、航运中断、沿岸结构物破坏等。

为满足冰工程发展的需求,河湖(水库)冰工程成为水力学中的一个新兴学科。俄罗斯、中国和其他国家的早期研究都集中于通过原型观测来获取经验公式。这些经验公式对河湖(水库)冰过程的理解起到很大作用,但由于理论分析的缺乏,这些经验公式的适用范围很有限。过去几十年,美国、加拿大及西欧国家和地区在河湖(水库)冰形成、发展、消失全过程的数值模拟和模型开发方面取得了具有里程碑意义的成就,随后中国也开展了河湖(水库)冰数学模型的研究和应用。

利用历史和现时水文、气象资料，以及河流、水库和湖泊等水体的封冰和解冻的规律，预测未来冰情，以便提前制定应对和防范冰凌灾害事故发生的措施。早期冰情预报建立在统计学模型和经验公式的基础上，预报精度不高；数学模型对河道资料要求条件高，限制其在天然河道中的应用。近 20 年，模糊理论和神经网络模型在冰情预报中得以应用，显著改进了冰情预报的准确性。

随着中国经济建设与发展，北方结冰环境区域的工农业活动日渐发达。结冰现象同区域经济发展的生产活动形成矛盾。为了减轻和防范冰对结构物和生产安全运行的影响，冰工程措施成为主导措施。其中，南水北调中线工程就是典型的中国实例之一。

南水北调中线工程属于特大型长距离跨流域调水工程（郭新蕾等，2011），水流自气候温和区流向寒冷区。冬季输水时，黄河以北 700km 渠道中的水流由于受寒冷气温的影响，将有不同程度的冰凌发生。由于受气温的影响，各渠段冰情各异。其中，最北端的石家庄—北京段冰情最为严重，冰情较为严重时就会发生冰害。除了冬季冻结期，春季融冰期温度升高会导致冰盖温度膨胀力的产生，进而也会对工程的安全运行产生威胁。

1.4.4　海冰工程

地球上海冰的范围很广，人类活动首先出现在低纬度的海冰覆盖区。在欧洲，波罗的海的海冰季节变化很大，50%的冰出现在 59 °N 的北波罗的海，10%出现在南波罗的海，年最大冰量出现在 1~3 月。波斯尼亚湾和东芬兰湾冰出现的概率是 100%。海冰在风暴条件下，一天内能运动 20~30 km，运动速度和方向的差异导致冰层破碎，形成大小不一的冰块。19 世纪后期，俄国和北欧科学家已经在破冰船设计和桥墩抗冰设计中迈出了第一步。第二次世界大战后，为了在冰封区建立军事基地，美国和苏联开展了冰工程的研究。后来，为了在北极地区勘探石油和其他矿石能源以及在冰区实现全年通航，海冰工程研究迅速发展，首先开始于美国阿拉斯加的库克湾，随后是波弗特海、波斯尼亚湾和芬兰湾。近年来，库页岛和北极的巴伦支海、喀拉海的油气工程也带动这些海区的海冰研究。

中国渤海和黄海北部处于中纬度地带，由于受冬季西伯利亚南下冷空气的直接影响，也会出现海冰，成为北半球海洋结冰的南边界。这些海冰生长期短、厚度薄，但同样影响着渤海海洋开发。因此，海冰一直被视为渤海油气开发、港口运输、核电厂和风力发电等工程的潜在致灾因子。渤海海冰研究起步于 20 世纪 60 年代初，发展于 20 世纪 70 年代初。目前，渤海和黄海北部的核电站工程、离岸码头工程和风力发电工程又掀起新一轮的海冰研究热，特别是海冰引起的结构振动及其破坏作用。例如，美国阿拉斯加库克湾的钻井平台、日本稚内湾外的声向歧灯标、芬兰湾的灯塔等都曾毁于冰振。1969 年渤海大面积冰封期间，渤海湾"老海二井"平台在持久的冰激振动引发疲劳破坏后被海冰推倒。1977 年，渤海湾"海四井"烽火台也被海冰推倒。1986 年加拿大大型沉箱式采油平台遭遇严重的冰激振动。

在冰工程设计中要考虑的冰因素很多，其中流冰的面积和密集度、冰的力学性质、冰对结构物的作用方式是冰工程中的核心（李志军和严德成，1991）。围绕获取上述三种海冰要素，从 20 世纪 60 年代至今，中国的海洋台站一直进行海冰常规观测，近期增加了沿海踏勘。中国人民解放军海军进行海上破冰船调查，通过辽东湾东岸鲅鱼圈雷达站传达雷达数值化冰情实况资料。另外，近几年在渤海海洋结构物上安装雷达，监视结构物附近流冰动态。国家海洋环境监测中心通过接收卫星遥感图像并进行分析，会同国家海洋技术中心主持航空调查，探索渤海海冰遥感技术手段和结果应用。此外，天津大学在 20 世纪 80 年代后期建成两座冰池实验室，大连理工大学在 21 世纪初建立了非冻结模型冰技术。利用物理模拟手段，学者们研究了冰对单桩、平台和斜面结构物的相互作用并对经验冰力计算公式进行了验证。

近年来，随着高分辨率卫星遥感图像的发展，空间分辨率能达到 30 m 的 HJ-1A/B/C 卫星应用到渤海海冰监测中。从 2011～2016 年五个冬季渤海沿岸结构物附近的流冰图像中提取出流冰面积和密集度，同时从渤海沿岸海洋站获取风速、风向、气温、水温、潮汐等气象水文数据，分别对辽东湾、渤海湾、莱州湾三个区域的流冰面积和密集度进行统计分析。在流冰对结构物产生作用时，需要不同的力学参数，其中弯曲强度和弹性模量是冰与倾斜结构物作用时最重要的力学性质。同样，围绕中国和平开发和利用北极资源的设想，冰-船相互作用的冰工程问题也摆在科学与工程界面前，极地冰的工程力学性质研究又再次上升到重要地位。

1.5 冰冻圈工程学的发展趋势

冰冻圈工程研究过去集中于单一要素的技术理论和技术体系化阶段，随着对冰冻圈认识的深入和观测技术的提升，集合多要素影响规律研究的冰冻圈工程学可以解决更加复杂的工程问题。因此，现代冰冻圈工程学逐渐从单要素向冻土工程、冰川积雪、河湖海冰等多要素冰冻圈工程综合研究转变。

在气候变化、环境变化和人类活动的强烈影响下，冰冻圈变化对重大工程的影响愈加显著和频繁。为适应全球变化影响和工程建设，迫切需要刻画冰冻圈各要素与重大工程关系及其环境和灾害效应，提出冰冻圈环境保护措施、冰冻圈灾害防治及保障技术以及冰冻圈工程建设的新技术和新方法，为冰冻圈作用区重大工程安全运营提供科学依据，瞄准国家未来在"一带一路"和北极资源开发方面的需求，并兼顾国际前沿以及学科发展。冰冻圈工程学需要在以下三个方面得到重视和发展：

（1）完善重大工程监测网络体系，加强重大工程稳定性安全保障预警系统研发和预测方法研究。冰冻圈地区气候变化显著影响着重大工程的稳定性和安全运营，为确保冰冻圈地区重大工程的安全运营，应系统地构建冰冻圈作用区重大工程"天-地"或者"天-冰-水"一体化的立体监测网络体系,实现遥感、地面观测一体化综合应用,研发重大工程稳定性技术和安全保障预警系统平台,增强重大工程抵御气候变化风险和防灾减灾的能力,同时,提出全球变化下重大工程稳定性和长期服役性的预测方法,为冰冻圈作用区重大工程安全运营提供科学基础和技术支撑。

(2)阐明冰冻圈要素与重大工程的互馈关系及其环境、灾害效应,突出冰冻圈地区重大工程与气候变化、环境、冰冻圈变化相互作用的综合影响研究,强化冰冻圈影响区内重大工程对冰冻圈灾害的诱发机制研究,高度重视冰冻圈变化的重大工程安全运行可靠性和风险评估,提高重大工程服役性和抵御冰冻圈灾害的能力。

(3)提出冰冻圈重大工程对气候变化的应对策略、研发适应气候变化重大工程安全保障的关键技术,提出冰冻圈作用区重大工程对气候变化的应对策略,包括重大工程的设计原则、冰冻圈环境保护、冰冻圈灾害防护技术、冰湖利用技术、适应气候变化的冻土工程复合冷却新技术等,最大限度地减缓气候变化对冰冻圈重大工程的影响,增强气候变化背景下重大工程的长期服役性功能,最大限度地利用气候变化给北冰洋资源开发利用带来的机遇。

(4)提出未来研究方法、未来重点研究区域、重点研究工程,评估冰冻圈工程风险。自然和人文结合,研究冰冻圈工程学的适应性和服役性问题,从科学研究走向政策支持。

思　考　题

1. 简述冰冻圈工程学与冰冻圈科学的关系。
2. 简述抗冰结构物和冰道在工程设计上的共性和特性。
3. 思考气候变化对冰冻圈工程的影响。

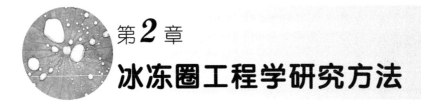

第2章 冰冻圈工程学研究方法

本章主要从地质勘测与野外观测、室内实验与分析、遥感与地理信息和数值模拟四个方面简要介绍冰冻圈工程学的研究方法，使学生了解冰冻圈工程学研究中现场观测和室内实验的一般性方法。

2.1 地质勘测与野外观测

2.1.1 地球物理方法

探地雷达（ground penetrating radar，GPR）：该设备可以连续、快速地获取地层结构和冻土参数的现场测量资料，测定冻土上限、冻土类型等。通过发射和接收高频电磁波（常用频率在兆赫范围），利用电磁波在介质中的传播时间和振幅等信息，得到地层或目标体的介电常数，从而对其进行地质解释。探地雷达主要用于多年冻土的勘测，这是因为天线发射的电磁波经过浅地表、地下介电常数界面的反射或折射等途径到达接收天线的有地表直达波、反射波和折射波。不同类型的波的产生条件及探测深度存在差异，反射波对地下介质反射面比较直观，其数据处理较简单，是多年冻土勘测中最为常用的方法。与其他地球物理方法相比，探地雷达具有数据采集速度快、精度高的优点，但在表层电导率较大（含水量高、细颗粒沉积物或者含盐量高）时探测深度会较浅，在各向异性特征显著的地质环境中的适用性相对较差。

在多年冻土区应用中，由于水、冰介电常数的显著差异（水为81、冰为3.4），冻融状态及地层含水量差异等均会形成显著的介电常数差异界面。在冻结条件下，厚层地下冰或高含冰量冻土层与周围土壤或低含冰量冻土层也会形成较显著的介电常数差异界面，从而为探地雷达的应用提供了良好的前提条件。因此，探地雷达已被广泛应用于多年冻土区的相关研究，如多年冻土上限深度、不同类型多年冻土的区分、浅层地表冻结过程的动态过程监测、冰楔和上限附近冰透镜体、多年冻土区溪流下部融区的季节变化过程以及活动层土壤含水量的时空变化监测研究中。图 2.1 为在青藏铁路沿线多年冻土区探地雷达勘测剖面，图 2.1（a）为地形地貌特征，图 2.1（b）为探地雷达勘测剖面。

图 2.1　地表景观变化及探地雷达勘测剖面

蓝色虚线标注为高含水率与低含水率差异反射界面；绿色虚线为季节冻土层；绿色实线为多年冻土上限（地下冰反射界面）

高密度电阻率法（multi-electrode resistivity method）：该方法可以便捷地测定冻土上限、地下冰分布和冻土厚度等信息。高密度电阻率法通过两个电极向地表提供电流来进行测量，其电流强度为 I，同时用另外两个电极测量其电势差（ΔV），通过计算电势差与电流强度的比值，再乘以与排列方式和地形相关的系数 K，即视电阻率，在地下地层的电性结构不均匀、半空间的情况下，视电阻率并不能反映地层的真实电阻率结果，需要对视电阻率值进行反演计算得到地层的电阻率分布信息。冰为非导体，土体冻结后，由于其中含有大量的冰或厚层地下冰，其电阻率较融土会有几十倍甚至上百倍的增加，同时在多年冻土上限附近往往容易有地下冰层或透镜体的存在，这些都为冻土的电阻率法勘探提供了较好的物质基础。因此，高密度电阻率法可较好地反映冻土上限、地下冰分布和冻土厚度等信息，如图 2.2 所示。

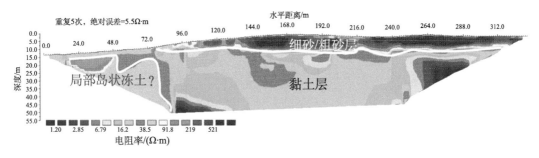

图 2.2   高密度电阻率法反演电阻率剖面

在地下冰含量高的区域，应用高密度电阻率法得到的视电阻率值比周围未冻结区域或含冰量低的区域往往高出几个数量级，在很高的电阻率梯度情况下，其能较准确地圈定出地下冰体的分布范围。因此，高密度电阻率法已在地下冰探测相关研究方面被广泛应用，如冰碛层、石冰川的地下冰以及岩屑坡中的地下冰等。此外，根据冻融界面处显著的电阻率值差异，高密度电阻率法在多年冻土下限深度探测中也能取得不错的效果，如通过选取不同地表和岩性的地点，结合地温观测和高密度电阻率法测量结果，可较为准确地推测多年冻土下限的深度，其深度变化在几米到 20 m 范围内。在对青藏高原冻土下限深度探测的过程中，应用高密度电阻率法得到的结果与测温得到的冻土下限深度吻合较好。

高密度电阻率法在深部与浅部均有不错的分辨率，且不易受电磁噪声干扰，对冻土勘测的最大深度能达到百米数量级，是对冻土层勘测的有效方法。但需要注意的是，高含冰量的冻土层直流电的传播电阻大，探测深度会受到影响，且冬季探测时需要解决好接地电阻过大的问题。

瞬变电磁法（transient electromagnetic method，TEM）：该方法的基本原理就是电磁感应定律。在阶跃脉冲作用下，地质体电导率越高，产生的涡旋电流强度越大，激发的二次电磁场强度也就越大。应用瞬变电磁法采集数据时，利用接地导线或不接地回线向地下发送一次脉冲电磁场，在一次断电后，通过观测及研究二次涡流场随时间的变化规律来探测介质的电性特征。早期的电磁场相当于频率域中的高频成分，衰减快、趋肤深度小；而晚期的电磁场则相当于频率域中的低频成分，衰减慢、趋肤深度大。

频率域电磁法（frequency-domain electromagnetic method，FEM）：该方法同样以供电线圈回路为发射源，但与瞬变电磁法不同的是，其电流以某一频率呈正弦变化。其接收到的信号具有与发射电流相同的频率，且可以分为一次场和二次场。一次场由发射源激发，在地质体中没有导电性介质时仍存在，二次场由导电体在一次场激发下产生的电流所致。二次场具有与一次场相同的频率，但在时间上滞后。分析二次场特征即可对地质体的地电结构进行研究。该方法应用电磁感应的趋肤效应，由高到低地改变工作频率，以达到由浅入深地探测地质目标的目的。

上述两种电磁感应方法在冰川及冰缘环境中已有较多应用，并主要集中于极地地区研究中。在高山多年冻土研究的方法应用方面，国外研究人员分别对比了瞬变电磁法、频率域电磁法及高密度电阻率法在高山多年冻土及石冰川研究中的应用效果。频率域电磁法还被应用于探测石冰川中的地下冰、欧洲阿尔卑斯山的浅层地下冰、挪威高山多年冻土分布下界。应用瞬变电磁法对落基山石冰川中地下冰分布的变化情况和青藏高原温泉地区的多年冻土进行了探测研究，获取了该地区多年冻土分布特征、上下限深度及多年冻土厚度。

对于多年冻土区而言，冻土层由于高电阻率的特性，对低频电磁波的衰减小，因而可以达到较大的探测深度。且上述两种电磁感应方法均采用不接地回线方式激发信号，避免了直流电探测方法供电接地电阻过高的问题。但对于频率域电磁法来说，不同的地表条件可能对探测结果产生很显著的影响，且由于观测到的信号强度小，仪器性能导致的数据误差可能导致错误的观测结果；瞬变电磁法在浅层 5～10 m 的分辨率较低。这两种方法均存在的缺点是易受外界电磁信号的干扰。

2.1.2　钻探与坑探

冰冻圈内（如冰川和多年冻土）蕴藏有大量的古气候和环境信息，冰冻圈钻探与坑探技术是获得气候环境信息的基础。钻探技术是指以获取一定深度内物质量为研究介质的野外勘探技术，所钻取物质可用于对实验室内各项理化参数的分析测量。同时，通过钻探还可获得研究对象表层以下较深连续观测剖面，以用于各项深部观测研究。坑探技术是指以获取研究对象直观观测剖面或较浅深度处研究介质的野外观测与勘探技术。总体来看，冰冻圈钻探与坑探技术的应用对象主要为多年冻土和冰川。针对不同的应用对象，钻探与坑探技术的特点又不尽相同。其中，冻土钻探技术主要以人力或机械钻取为主；坑探则主要依靠人力或机械挖掘坑槽。冰川钻探技术主要有人力手摇、机械及热力钻取 3 种；坑探技术主要有浅坑挖掘、机械挖掘及热力挖掘 3 种。

冻土坑探，按野外调绘和观测需要，从地表向下挖掘一定宽度及深度的坑槽，现场对坑槽内多年冻土层剖面的多种理化参数进行观察和测量。此外，通过在坑槽内不同深度布置多种观测仪器（如温、湿度传感器等），可进行后续长期冻土层定点观测研究。冻土钻探技术主要依靠人力或机械动力旋转空心钻杆下端的圆环状钻头（一般为金刚石材质），同时下压钻杆，自多年冻土表面垂直向下钻取一定深度的圆柱状样品，用于各项理化参数的测量和安装测温传感器。与坑探技术相比，钻探技术所获取的冻土样品深度可

达多年冻土层底部，这样有助于全面、深入认识施钻区多年冻土层的整体物理结构性状及化学组分特征。在钻探获取深部样品后，在钻孔内沿不同深度布置温度传感器，并进行多年冻土热状态变化的长期定点观测研究。

2.1.3　海上船舶和飞行器走航与遥感观测

海上船舶和飞行器走航与遥感观测主要为了了解海冰冰情特征。最初的极地海冰冰情数据来自探险家和捕鲸船记录，中国渤海海冰最早的记录出自地方志，已有百年历史。随着视频/图像可视技术的发展，搭载在船舶和飞行器上的可见光数码录像/图像设备可以实现对海冰密集度、流冰尺寸、流冰侧翻厚度等参数的获取。搭载在潜艇、船舶和飞行器上的可视技术只能针对航线上的冰情开展调查，其图像覆盖面积小。卫星遥感可研究极地海冰空间分布，是一种快速、有效且连续的方法。卫星可在高空开展观测，其图像覆盖范围更为广阔，已经被广泛用于研究极地海冰密集度、海冰范围以及海冰类型。但是，冰工程往往需要在大范围的冰情基础上，关注局地冰特征，以适应工程设计和采取应对措施的需要。两者在空间和分辨率上对立统一，两者的研究对象体现出各自的优势。

海冰厚度是冰工程的核心参数之一，船基摄像系统可以对船舶航线上侧翻海冰断面进行视频记录，然后通过图像内的标定物按像素比例得到海冰厚度。利用空气、海冰和海水的介电常数差异，通过电磁传感器也可以实现对海冰厚度的测量，它直接给出冰水界面至仪器的距离。类似探测原理的还有探地雷达技术，但是它应用在淡水冰时的效果优于海冰。人工钻孔测量是冰工程中验证探测海冰厚度的唯一可靠方法。对于北极大范围内海冰厚度，早期由欧美国家搭载在潜艇上的声呐探测系统探测。随着历史数据的公开，借助军方潜艇声呐数据对北极海冰厚度的研究逐渐增多。目前，除冰下测量海冰厚度外，还有两种更快捷的遥感测量海冰厚度的方法，分别是利用激光高度计卫星（如ICESat、CryoSat等）和合成孔径雷达（SAR）数据反演海冰厚度。ICESat是通过海水与海冰之间的高度差（干舷），运用冰在水中的浮力原理来计算海冰厚度。当冰上积雪较厚时，海冰厚度误差较大。另外，云和天气状况对数据的准确度也有影响。SAR是一种主动式微波传感器，它不受阳光、云雾等天气条件的限制，具有全天候、全天时的大面积监测优势，因此，SAR更具有探测海冰厚度的潜力。

对于渤海海冰，中国应用"北京一号"小卫星数据反演渤海海冰范围以及冰情特征，提出了应用Landsat-8与GF-1卫星监测渤海海冰的方案。

2.1.4　冰面观测与测量

在冰工程中，最可靠的数据来自冰面观测与测量。根据冰工程不同时期的具体需要和冰情条件，开展长期或者短期专业性调查。在极地科学考察中，受时间的限制，以短期冰站调查为主，调查冰面形态、冰厚度、取冰样或冰芯测试冰的基本物理参数，如温度、盐度和密度等。长期冰站调查在冰工程专项调查中目标性很强，一般接近跨越整个结冰季节。北极现代冰面调查只有俄罗斯的冰漂流站的调查和其他国家的数次跨越全年的调查。长期冰站一般要获得监测期间连续的气象要素，冰生消过程的各项要素，冰物理和力学性质，冰遥感的光、电、磁性质以及积雪和太阳高度角对冰行为影响的要素等。

　　中国现场气象要素观测的主要仪器和设备有自动气象站，其用于监测冰面的气温、风速、风向、辐射、湿度等，同时增加温度链，用于监测实际冰温、水温、泥温，并利用其他测试技术，如冰下超声测距仪和热电阻丝冰厚测量装置监测冰厚度变化过程。此外，光学传感器用于监测冰表面的光反射率及水下透射率。图 2.3 展示了大连理工大学在内蒙古黄河边乌梁素海的长期冰面监测站的设备布置。

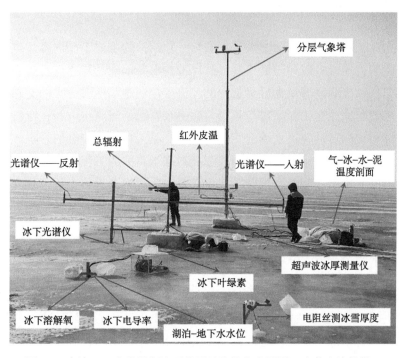

图 2.3　大连理工大学长期冰面监测站的设备布置图（由黄文峰提供）

　　冰层的生长和消融与当地的气象因素有密切关系，气温、风速、风向、辐射、湿度等因素决定着冰面和大气之间的热交换通量，这些因素在冰层的生消过程中起着重要的作用。

　　冰-水-泥温度变化使用温度链测量。冰层内温度传感器布置得相对密集；冰层以下水体温度梯度变化较小，布置得相对稀疏；湖底泥内温度传感器布置得相对密集。随着冰层厚度的变化，冰层内的温度传感器记录冰温，水内传感器记录水温，泥内传感器记录泥温。

钻孔是最直接的冰厚测量方法，但相对费力且不能实现定点原位观测。热电阻丝冰厚度测量装置很好地解决了钻孔的缺点，但它不能对冰厚度实现实时监测。超声测距技术可以实现定点冰厚度的实时自动化监测，但该项技术只能监测冰下表面的变化情况，不能得到冰层上表面的变化情况。因此，将热电阻丝和超声测距仪两种冰厚度测量技术相结合，能更准确地测量冰层上下表面的变化过程。冰工程中，往往因为缺少多年冰厚度测试数据而给冰厚度的确定带来难度。应用完整的冬季连续水文气象、冰生消调查数据，能够建立合理的冰厚度、最大冰厚度与气象要素间的关系；再利用冰面气象要素与周边气象站要素的关系，评估冰厚度。依此反推有气象记录以来的冰厚度年度序列，重现不同时期的设计冰厚度。

2.1.5 工程安全运营观测

工程安全运营观测是冰冻圈重大工程安全运营维护的重要工作内容，也是搞清工程稳定性、工程病害形成机理和防治措施实效评价的重要基础。与冰雪有关的工程安全运营观测主要包括冰冻圈区域重大桥梁工程的河流径流观测、冰雪灾害的遥感观测，重大工程沿线或邻近的冰湖变化和冰川与积雪消融洪水引起的河流水位和径流量的季节过程变化，评价冰川和积雪消融洪水季节变化对重大桥梁工程运营安全的影响。与河冰有关的工程安全运营观测主要包括河冰冰凌观测。与冻土有关的工程安全运营观测主要包括工程本体和地基的冻土观测两个部分，其主要观测内容为自然和工程下部冻土的水热过程、冻土热状态以及工程变形，评价工程稳定性与冻土变化的关系、冻融灾害和工程病害的形成机理、冻融灾害防治技术工程实效等。

1. 冻土工程安全运营观测

由于气候变化影响和工程作用，自然和工程下部冻土温度与土体水分发生显著变化，引起工程产生变形和稳定性发生变化。因此，在冻土工程安全运营过程中需要评价：①自然和工程状态下冻土变化；②工程稳定性变化；③冻融防治技术实施的工程效果；④冻融灾害和工程病害的形成过程和机理，为冻土工程安全运营维护提供科学决策依据和积累工程实践经验。因此，冻土工程安全运营观测内容主要包括自然和工程下部土体的水热状态、冻土热状态和工程变形，这些观测主要依据研究目的和经费设置观测内容、观测深度、观测频率、数据采集等。一般自然和工程下部冻土水热状态观测主要针对多年冻土层上部发生季节冻结和融化的土层进行，观测深度至多年冻土上限以下 0.5 m。多年冻土层主要开展冻土温度观测，温度传感器设置间隔一般为 0.5 m，观测深度至年变化深度以下（18~20 m）。如果要了解区域多年冻土厚度，需要打穿多年冻土层，这样观测深度更大。工程变形观测与工程类型有关，路基工程主要观测路面变形，一般需要有不少于 9 个观测点，即路基中心、左右路肩组成变形观测网。其他构筑物可视重要性选择变形观测点，如桥梁，可选择桥梁两端路桥过渡段、桥梁桩顶或桥面。但工程变形一般需要设置基准桩，为了防止基准桩冻拔，基准桩设置深度应达到 18m 左右。

2. 河湖（水库）冰水利工程安全运营观测

对河湖（水库）冰水利工程中结构物运营安全的长期观测相对较少，但工程结构物竣工后和运营期间有围绕水电和输水建设的经验积累与为未来工程设计提供参考的工程安全运营专项调查。例如，冬季新疆吉林台一级水电站的面板会使来自输水渠道的流冰堆积，受坝前冰层推力影响的频率和作用力较大，存在潜在的坝面板大变形。因此，对冬季面板形态变化特征以及面板间止水结构变化的原位观测，可以为未来冰期大坝安全运行积累经验，也可以为高寒区面板设计提供参考资料。

在流凌期可开展有车辆运行条件下的流凌和桥梁结构监测。首先在 1995 年冰封时开展佳木斯松花江公路大桥有车辆运行时的反应时程和脉动监测；在流凌日测试 1 天的流凌连续撞击桥墩和桥上行车的组合条件下，大桥的反应时程、动力特性变化以及动位移为主的动力反应。

当桥梁遭受船舶和流冰同时撞击时会引起桥梁振动，从而可能对列车和高速列车运行安全构成脱轨威胁。因此，应开展河冰温度场和流冰撞击荷载的现场试验。通过对河冰温度场监测，可以获得流冰期气温、水温与河冰温度的相关关系。通过流冰撞击荷载试验，获得流冰撞击桥墩的撞击力时程曲线，为撞击荷载作用下的车桥耦合振动分析提供实测撞击力数据。2008～2009 年冬季在哈尔滨公路大桥、佳木斯松花江公路大桥、呼玛河桥、通河松花江公路大桥等地进行了河冰温度场及流冰撞击荷载现场试验，获得了较好的实践经验。

3. 海冰工程安全运营观测

海洋工程的造价较高、设计寿命较长，而且每一个工程所处的环境工程条件不同，为了积累工程设计和安全运行经验，特别是验证基本理论的正确性，一些外形简单的结构物完工后加装监测传感器，实施安全运行的原型观测。重力式结构物一般不设置结构物运行期间的环境要素和结构物响应测试。但钢结构因为存在结构物振动的附加疲劳破坏，所以结构物均进行运营监测和观测。在中国渤海 JZ9-3、JZ20-2 等石油平台上安装一套完备的原型测量系统并测试多个冬季。该原型测量系统针对圆柱形桩腿和加装锥体结构桩腿设计、制造，并安装了不同的压力盒，以实现对冰力的直接测量。多个拾振器被安装于导管架平台甲板上，以测量平台的波动位移分量。采用高分辨率摄像头和图像处理技术来获取冰速、冰厚和海冰密集度等参数。中国远洋海运集团有限公司在北极夏季航次运营的船舶上也安装了观测海冰环境参数的设备。在北极海域航行的船舶均受到海冰不同程度的影响，对海冰的监测是船舶安全航行的重要保障。海冰监测过程中，主要考虑航线海冰环境参数以及船体与海冰接触后的结构响应。这里的结构响应主要包括结构振动响应与结构变形响应。海冰环境参数包括海冰密集度、海冰厚度、海冰冰块尺寸。结构物方面的监测主要包括冰船作用的冰激振动和船体结构发生的应变。

海冰工程安全运营观测和冻土工程的区别主要在于观测或者监测的采样频率不同。冻土工程往往监测结构物地基的长期稳定性，使用低频观测就能满足工程的需求。但海冰工程主要面对海冰环境条件演变和结构物振动响应，因此部分监测和观测内容采用的记录频率较高。

2.2 室内实验与分析

2.2.1 冰雪冻土与工程材料的工程性质参数

1. 冻土工程性质参数测试

冻土是由土颗粒、冰、水和气（汽）所构成的四相体系，矿物颗粒或有机物质表面被薄膜水包围，空隙中充填冰、未冻水和空气（水汽）等物质。冻土中冰存在于土的孔隙、空隙和裂隙里，往往以结晶状、层状、网状、脉状等形式分布于冻土体中，成为冻土的重要组成部分，其决定了冻土的结构构造和工程性质。同时，土体冻结时并非所有土中的水分都冻结成冰，仍然保持着相当数量的未冻水。冻土中的冰与未冻水是随着外部因素变化而变化的，其始终处于动态平衡状态，并且决定了冻土工程性质。冻土工程性质主要有土体冻胀、融化下沉和冻土强度，它们会对工程稳定性产生重要的影响，冻土工程主要通过工程技术措施防治土体冻胀和融化下沉，改善工程稳定性和保持冻土强度。

1）土体冻胀

土体冻胀指冻结过程中土中水分（原有水分和外部迁移来的水分）冻结成冰，形成冰层、冰透镜体或多晶体冰晶等形式的冰体，引起土颗粒间的相对位移，使土体体积产生不同程度的膨胀现象，通常采用冻胀量或冻胀率来表示。冻结过程中水分迁移和析冰作用是引起土体冻胀的直接原因。土体冻胀性取决于土粒的颗粒大小、矿物成分、土中水分及补给来源、冻结条件、外荷作用以及交换阳离子等因素（童长江和管枫年，1985）。土体冻胀必须具备三个条件：一是具有冻胀敏感性土质；二是具有超过起始冻胀的初始水分和外来水分；三是适宜的冻结条件和时间。一般按照冻胀敏感性土质、土体含水率及地下水位，土体冻胀性可分为不冻胀、弱冻胀、冻胀、强冻胀和特强冻胀。在实验室内，采用原状样和扰动样在有压和无压的冻融循环试验仪上开展土体冻胀试验，获得土体冻胀量或冻胀率参数，利用该参数可判断土体冻胀性。

多孔介质在冻结过程中，不仅土孔隙中原位水分冻结，而且将下伏未冻土中的水分抽吸至冻结面上，推开土粒且冻结成冰透镜体（冰晶），这部分与土颗粒垂直方向的压力平均值称为冻胀力。当土冻胀变形受到建筑物约束或压制时，将对建筑物产生相当大的冻胀力。按其作用于基础表面的方向分为两类：切向冻胀力和法向冻胀力（包括垂直法向冻胀力和水平法向冻胀力）。

2）融化下沉

冻土的融化下沉系指在自然或人为引起冻土发生融化时，冻土中的冰晶体及冰透镜体融化，体积缩小，在自重或外荷载作用下，产生排水固结而出现下沉变形。冻土融化过程中，在土的自重作用下产生的下沉称为冻土融化下沉系数。冻土的融化下沉特性可以用融化下沉系数来描述。影响冻土融化下沉和压缩性的因素较多，主要是冻土的岩性成分、含冰程度和构造。冻土含冰率与土体组合关系构成的冻土冷生构造是决定冻土融化压缩沉降量的重要因素。

多年冻土的融沉性分类主要以工程应用为目的来反映地基的冻土土体的组构、含冰程度和物理力学性质。按冻土地基融沉性，将其划分为五类：不融沉、弱融沉、融沉、强融沉和融陷。在实验室内，采用原状样和重塑土开展冻土单向融化试验。重塑土需先进行土样的冻结过程试验，然后进行融化过程试验，试验一般在由常规固结仪改装而成的简易融化固结仪和能够实施测量冻土融化固结全过程的冻融循环试验仪上进行，从而获得融沉量和融沉系数。用融沉系数来反映多年冻土的融沉性。

3）冻土强度

冻土强度主要是指冻土所具有的抵抗外界破坏的能力，其值为在一定受力状态和工作条件下，冻土所能承受的最大应力。含水量、冻土构造、含盐量、土的成分以及温度等是影响冻土强度的主要因素。冻土中含有各种类型的冰（胶结冰和分凝冰等）和未冻水，在附加荷载作用下会破坏冻土中冰-未冻水间的动态平衡，导致冰的塑性流动、冰晶部分融化和重结晶，出现不可逆的结构再造作用，使冻土的强度和变形随时间发生变化，即冻土的流变性。这是冻土区有别于非冻土区土体的主要特点（马巍等，2014）。

在实验室内开展冻土力学分析的试验主要包括：单轴试验和三轴试验等。单轴试验主要对冻土和冰等材料开展无侧限抗压强度试验。一般单轴试验采用的试样需符合高径比大于 2 的要求。试样制备可采用扰动样和原状样两种。用于冻土和冰等单轴试验的仪器一般采用材料试验机改装而成。根据不同的试验要求，使用不同的加载控制方式。强度试验最常用的是恒应变速率，蠕变试验采用的是恒荷载试验。对于单轴强度试验，可获得单轴压缩强度（无侧限抗压强度）。对于单轴蠕变试验，可获得蠕变三要素（冻土的破坏时间、破坏应变和最小蠕变速率）、长期强度曲线和长期强度极限。三轴试验主要对冻土和冰等材料开展三轴压缩试验，其试样尺寸与单轴一样。试样制备可采用扰动样和原状样两种。用于冻土三轴试验的仪器有两个特殊要求：一是压力室必须是可控温的，二是仪器提供的轴压和围压比用于常规土的三轴试验仪要大。根据不同的试验要求，使用不同的加载控制方式，强度试验最常用的是恒应变速率，蠕变试验采用的是恒荷载试验。对于三轴强度试验，可获得冻土的三轴强度、强度参数（如黏聚力和内摩擦角）、弹性参数（如弹性模量和泊松比）。对于三轴蠕变试验，可获得蠕变三要素（冻土的破坏时间、破坏应变和最小蠕变速率）、长期强度曲线和长期强度极限。

2. 冰物理和力学性质参数测试

冰物理性质参数是影响冰力学、热力学、光学和电学等特性的根本原因。其中，冰力学是工程设计和防灾要重点考虑的因素，冰热力学变化是理解冰的生消以及冰对外界环境影响的关键环节，冰光学和电学用于辅助研究冰热力学等，并逐渐发展为成熟的学科领域。冰物理和力学性质部分在实验室完成、部分在现场完成。实验室属于半封闭实验环境条件，得到的实验结果相对集中。现场原位实验因自然冰层温度、水温、气温的影响，实验数据相对分散，但是具有代表性。实验室测定的冰物理性质参数可以划分冰的种类，并对冰的力学性质参数产生影响；结合冰物理性质参数，实验室测定的冰力学性质参数可以为冰区工程的结构稳定、破冰材料的选取等提供参考。

实验室测试的冰物理性质参数主要有冰晶体结构、冰密度、冰盐度和冰内含泥量。由于冰生长环境和生长过程的差异性，冰存在着两种主要晶体结构：粒状结构和柱状结构。冰晶体结构要在正交偏光镜下观察。这时必须制作贴在玻璃上的薄冰片，并将其放置在费氏台上进行观测。低温实验室制备薄冰片的具体操作步骤为：在低温环境下，从已经标记了生长方向的冰坯上，沿着垂直于冰面的方向用电链锯切下两块截面是 10 cm×10 cm 的近似长方体的冰样，并重新标记好冰的生长方向，两块长方体冰样分别用来制备冰晶体结构的水平薄片与竖直薄片；在低温环境的实验室内确定好冰样的上下表面，根据冰的厚度对冰样再进行分层切割；对于观察平行于冰面的冰晶体，沿着平行于冰面的方向，以大约 5 cm 为间隔，画出标记线；对于观察竖直于冰面的冰晶体，沿着平行于冰面的方向，以 10 cm 为间隔，画出标记线；然后用锯骨机或者手锯沿着标记线进行切割；在切好的厚冰片上再次标记冰的生长方向，并编上序号，明确厚冰片自冰面上向下的顺序；用刨刀将切好的厚冰片需要观测的一面进行打磨，使其放置于玻璃片上时能与之充分接触；玻璃片要用电熨斗进行轻微加热，这样有助于和厚冰片冻结在一起；再把厚冰片放到玻璃上时，为了消除接触面上的气泡，要注意放上之后进行左右的滑动；然后让冰块在玻璃上冻结；之后，再用锯骨机将厚冰片切割成 5 mm 左右的薄冰片；将切好的 5 mm 左右的薄冰片用刨刀削薄到 1 mm 左右，并在玻璃片上标好序号；最后可以将打磨完成的冰片放到费氏台上，通过偏光镜观测冰晶体。

冰密度的测量包括质量-体积法和排液法。实验室主要采用质量-体积法。用锯骨机加工出 10 cm×10 cm×5 cm 的标准长方体试样，其中 5 cm 为沿冰厚度方向。用游标卡尺再次测量试样的准确长度、宽度、厚度，然后计算试样的体积；并用电子秤称取试样的质量，质量与体积的比值就是冰密度。测量试样时需要用游标卡尺多次测量取平均值，并且要保证测量现场的低温环境。然后将试样放入塑料盒内融化，经过滤、烘干，对干泥沙称重，计算出单位体积冰试样的冰内含泥量。

在实验室测试的冰工程力学参数有压缩强度、弯曲强度、剪切强度和冰与结构物材料表面的动摩擦系数。压缩强度分为单轴压缩和侧限压缩。根据实验室试样加工能力，试样有圆柱试样和长方柱试样两种。试样宽度或者直径和高度比为 1∶2.5，目的是消除圣维南端部效应。试样的直径建议为 15～20 倍的晶粒尺寸。由于粒状冰可以认为是各向同性材料，柱状冰可以认为是平面内各向同性材料，粒状冰的压缩强度同加载方向无关，柱状冰在平行冰面的压缩强度同加载方向无关，但垂直冰面的加载压缩强度高于平行冰面方向的加载压缩强度，前者是后者的 2.0～3.0 倍。

实验室冰的弯曲强度和弹性模量测试使用三点弯曲法或者四点弯曲法确定。冰的剪切强度很难测量，一般使用的技术是直剪、冲剪或扭转。它们都产生不能简单估量的应力场。通常假设在破坏面上产生均匀的剪应力，但在多数情况中，破坏面上也产生无法确定的正应力。

2.2.2 冰雪冻土与工程结构作用过程物理模拟

1. 冻土与工程结构作用过程物理模拟

冻土与工程结构作用过程是非常复杂的，开展冻土与工程结构作用过程的物理模拟存在很大的困难。目前，开展冻土与工程结构作用过程的物理模拟主要有两类：一是野外现场的实体工程或试验段物理模拟；二是实验室内的模型试验的物理模拟，包括冻土离心机的物理模拟。

冻土与工程结构作用过程的实体工程物理模拟主要是在工程建设过程中，依据冻土条件、工程技术措施等，开展各种类型和各种条件的现场实体工程试验。通过 1～2 年对冻土温度和水分、变形等的观测，摸清工程技术措施对下部冻土的保护作用，同时也可作为掌握工程技术措施下冻土温度的长期观测，研究气候和工程作用下冻土变化过程，为冻土变化研究提供科学数据。例如，青藏铁路建设过程中，在斜水河、北麓河和沱沱河开展了各种工程结构措施的实体工程的物理模拟试验，其对青藏铁路建设起到了重要的支撑作用。同时，在北麓河建立了非正线机理试验段，开展了一般路基下部多年冻土热状态的变化特征和各种工程及保护措施对下部多年冻土降温作用的机理研究。该类型的物理模拟是 1∶1 的实体工程，较之室内模型试验所获得的试验结果更加符合工程实际。

冻土与工程结构作用过程的室内模型试验，是在不同几何尺寸的模型箱中进行的，常见的有 1∶20、1∶10 和 1∶5 这 3 种几何尺寸。一般模型箱几何尺寸越大，越有利于获得准确理想的试验结果，但试验难度和工作量极大。一般可先采用相对容易和工作量相对较小的 1∶20 的模型箱开展试验研究，然后依据试验结果进一步选择适宜的试验条件和内容在 1∶10 的模型箱中开展模拟试验研究。由于实验室内物理模拟的模型试验需要遵守相似性准则，即在几何尺寸、热学边界和力学边界等的模拟遵守相似性准则，这

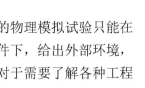

样才能获得和实际相符合的试验结果。然而，目前实验室内模型的物理模拟试验只能在几何尺寸和热学边界上遵守相似性准则，在一定的几何相似比条件下，给出外部环境，如气温、辐射等的时间相似比。尽管这样会带来一定的误差，但对于需要了解各种工程技术措施对下部多年冻土热状态的变化、降温机制、设计参数来说，可以从冻土与工程结构相互作用的实验室内物理模拟试验获得趋势和规律。尽管可能数值上不一定等同，但可以把握基本的趋势，这对于工程设计来说是非常重要的。青藏铁路建设过程中，在实验室内开展了大量的物理模拟试验，掌握了不同块石结构参数对其下部的冻土降温机理和冻土温度变化过程，为青藏铁路建设提供了重要的科学依据。

2. 内陆水工结构物的冰物理模拟

近年来，河冰工程问题上正在尝试物理模拟。利用添加少量石膏粉的石蜡作为模型冰，其密度为 910 kg/m³，与天然冰的密度 917 kg/m³ 接近，可满足浮冰运动相似的要求。利用这种非冻结模型冰开展跨河桥梁冰凌物理模型系列试验，研究跨河大桥附近河段的冰塞、卡冰情况以及水位壅高和壅水范围等。因为物理模拟试验需要满足以阻力相似为主的水流运动相似条件，同时也需要满足以重力相似为主的浮冰运动相似条件，故试验要求冰块的容重、摩擦系数等与原型相似，并且力求模型冰块体积、大小、数量等与原型相似。输水渠道在流凌期运行时，往往以冰凌在冰盖或拦冰索前缘下潜作为流凌期输水能力的控制条件。为了验证流速对浮冰块下潜和对拦冰索作用力的大小，利用冻结模型冰开展试验研究。试验发现，其在低流速下对冰絮有一定阻滞作用，有利于稳定冰盖的形成，但其对冰凌的拦截效果较差。在动冰作用下，拦冰索容易发生翻滚而失效，冰凌将从拦冰索上方或下方通过。

冰塞物理模拟研究一般在试验水槽上进行，试验水槽长 18 m、宽 0.5 m、深 0.6 m，槽壁为光滑的钢化玻璃，槽底为光滑的水泥浆抹面，冰盖由轻质泡沫模拟，模拟冰粒用精炼石蜡加工而成，粒径分别为 0.5 cm、1.0 cm、1.5 cm。为弄清其基本机理，这部分试验中暂不考虑冰粒的几何均方差的影响和动床的影响。经测定，石蜡的平均密度为 910 kg /m³，接近真冰的密度（917 kg /m³）。另外，还可在露天天然冷冻水流试验槽上进行试验，试验采用天然真冰制成模型冰，其模拟结果的真实性要好于模型试验。

3. 海岸和近海工程的结构物与冰作用力物理模拟

关于海冰工程问题的物理模型试验研究，国际上已经拥有多座冻结和非冻结冰池实验室。世界上第一座冻结冰池实验室在 1955 年由苏联圣彼得堡南北极科学研究所建造。德国汉堡的 HSVA 模型冰池是当前最为著名的冰池之一。天津大学于 20 世纪 80 年代开始建造低温冰池实验室，填补了国内低温实验室的空白。大连理工大学在 21 世纪初已建成了 20 m×2 m×1.2 m 冰与结构物作用的专用物理模拟水槽。海冰研究主要源于冬季海上航运问题，因而起初冰池主要用于破冰船的相关试验研究，随后逐渐扩大到灯塔、桥墩、采油平台等结构物与冰的相互作用问题。

　　伴随着冰池的建立，模型冰技术也得到了迅猛发展。现有模型冰可分为冻结型和非冻结型两大类。最早的模型冰是采用 3%的盐水冻结而成的，这种模型冰的强度明显偏高。随后 Schwarz 发展一种"回温"技术，将 0.6%的盐溶液冻结后，再缓慢升温，通过这种"回温"技术降低了模型冰的强度。但相对而言，模型冰的抗弯强度仍偏高，只可进行 1：15 以内的模型试验，且模型冰弹性模量 E 与抗弯强度 σ_f 之比远低于 2000。20 世纪 70 年代初在美国的 ARCTEC 冰池开展了一项冰-船及冰-结构物相互作用的模型试验，利用液氮喷雾制作模型冰，通过控制输入冰池的液氮流量，调节模型冰的温度。这种液氮喷雾技术可加快模型冰的生长，并可获得细粒的冰晶体。

　　1979 年加拿大确定采用 1.3%的尿素溶液冻结成模型冰；1986 年推出新一代模型冰——EG（乙二醇）/AD（脂肪清洁剂）/S（糖）模型冰；1990 年发展了 CD 冰（密度可调），该模型冰是对 EG/AD/S 模型冰改进得到的密度可调的新型模型冰，因此被称为CD-EG/AD/S 模型冰。其原理是通过在冻结模型冰内注入小气泡来改变模型冰密度，且在加入小气泡后，模型冰的柱状结构没有发生改变，但性能却得到了提高。芬兰选用酒精作为添加剂，以雾化液体冻结冰粒沉降技术制作细粒酒精模型冰。近年来，冻结模型冰的发展主要体现在对添加剂的选择上，当前冻结模型冰的添加剂主要包括酒精、尿素、脂肪清洁剂、盐、糖等。

　　由于非冻结模型冰在试验测试过程中无须进行低温控制，试验测试过程更易控制，因此得到广泛应用。国外早在 20 世纪 60 年中期即利用石蜡喷到水面上形成的石蜡模型冰进行了破冰船在冰区航行的试验，这种模型冰的抗弯强度偏高，冰面摩擦系数也偏大。此外，现有研究还基于熟石膏、多孔聚酯材料等多种成分，通过调节盐水成分控制力学强度，以及采用有机酯等混合物制作合成模型冰。大连理工大学制备了以聚丙烯颗粒、水泥为合成材料的 DUT-1 非冻结模型冰。

2.3　遥感与地理信息

2.3.1　遥感与地理信息在重大工程选址与选线中的应用

　　遥感技术在包括铁路、公路、油气管道、水利、电力和港口等各种工程调查中均可应用，遥感技术应用可以克服单纯地面勘测的不足。遥感技术与其他勘测手段相结合，可以从整体上提高工程勘测质量。遥感图像视域宽，信息丰富，能在较宽的带状范围内，从宏观上初步查明线路方案通过地区的主要工程地质条件及控制线路方案的重大不良地质对线路的影响程度，从而达到不遗漏有价值的线路方案和为线路方案比选提供较为充分的地质依据的目的。遥感技术应用具有显著的优点，有利于大面积地质测绘，提高填图质量和选线、选址的质量，可克服地面观测的局限性，减少盲目性，减少外业调查工作量，提高测绘效率。应用遥感技术可获取地貌、地层（岩性）、地质构造、水文地质、不良地质现象、植被盖度等信息，尤其是对工程影响较大的滑坡、崩塌、泥石流、冻胀丘、热融滑塌、热融湖塘、冰川湖等具有更显著的优势。

遥感技术在线性工程的工程地质选线中具有良好的效果，尤其是在大面积范围内做多方案比选的重点工程地段和地质复杂地段更具有优越性。在方案研究阶段，按常规方法难以在大面积范围内弄清测区的工程地质和水文地质条件，因而往往造成方案研究浅、可靠性差的局面。在初测之前单独划出一个阶段，采用以遥感技术为先导的地质综合勘察方法，为在大面积范围内进行多方案的地质比选提供了一个十分有效的手段。工程勘测中，一般利用陆地卫星遥感图像可编制 1∶5 万～1∶20 万的有关图件，利用航空遥感图像可编制 1∶2000～1∶5 万的有关图件。遥感技术的应用既要求应用宏观的陆地卫星图像，也要求应用精度较高的航空遥感图像或高分影像，二者结合可以起到很好的应用效果。

工程地质遥感解译过程可以抽象为一个模式识别系统，即客体→信息获取→预处理→特征提取→分类规则→分类结果，如何精确识别工程地质影像特征就成为遥感精细解译的核心问题。目前，遥感影像自动解译受图像本身局限性和地理环境影响，解译精度和质量与实际情况差距较大，必须采用"人机交互"的方式，结合区域地质、地貌、调绘、设计资料进行综合分析和信息挖掘。目前，工程地质遥感技术主要集中在预可行性研究、初测地质选线及定测大面积地质测绘方面，极少应用到工点和单个地质体的精细解译以及不良地质的动态监测方面，还需要深入研究遥感精细勘察的新技术、新方法，以及综合遥感勘察手段的应用。

2.3.2 InSAR 在冰冻圈工程地表形变监测中的应用

合成孔径雷达差分干涉测量（differential interferometric synthetic aperture radar, D-InSAR）技术，利用遥感卫星多时相的单视复数雷达图像的相干信息进行差分或利用外部数据消除地形效应后提取地面信息，最终达到探测地表微小形变的目的，且垂直形变监测精度可达到毫米级。这一技术具有前所未有的连续空间覆盖能力，具有高度自动化、高时空分辨率和对动态变化有极高灵敏度等独特优势，在地震、滑坡、泥石流等自然灾害监测和预报方面都有着广泛的应用空间。

D-InSAR 技术是近年来兴起的一种新型地表形变监测手段，具有全天候、无接触、大面积（100 km×100 km）、高空间分辨率（20 m×20 m）、高精度（厘米至毫米级）等特点，相对于传统地表形变监测方法具有不可代替的优越性（Gabrile et al., 1989），该技术曾被用于青藏公路沿线的形变监测，其所得结果与实地监测控制点形变数据非常吻合（李震等，2004）。采用 ALOS PALSAR 数据，利用 D-InSAR 技术监测青藏高原冻土形变，所得结果与水准测量结果有较好的一致性。上述结果证明了 D-InSAR 技术能对冻土冻融变化引起的地表形变进行精确监测。但是，D-InSAR 技术的监测精度受到时空去相关和大气延迟的影响，且只能得到单次形变结果，无法获取研究区域地表形变的时间演化情况。

　　近年来，国际上提出了在 D-InSAR 技术的基础上采用时序 InSAR 技术，通过对大量数据中高相干点目标的时序分析，获取研究地区的地表形变速率和时间形变序列。其中，小基线集技术（Beardino et al., 2002），通过选取空间基线、时间基线都较小的 InSAR 干涉对，就能够有效地减缓由时空基线过长而引起的失相干情况，并且通过最小二乘法提高了形变监测的时间分辨率。小基线集技术的基本原理就是将单次 D-InSAR 得到的形变结果作为观测值，再基于最小二乘法来获取高精度的形变时间序列。为了抑制时空基线过长所引起的时空去相干现象，小基线集技术从获取的 SAR 影像中选择时空基线均小于一定阈值的干涉影像对生成多视差分干涉图，这些干涉影像对会根据基线情况分成若干个集合，每个小集合的形变时间序列可以用最小二乘法进行解算求得，而利用奇异值分解法（SVD）将多个小基线集联合起来进行求解，得到整个时间段的形变时间序列。

2.4　数 值 模 拟

2.4.1　冻土工程行为模拟

　　本节主要介绍工程构筑物与多年冻土相互作用过程中传热和变形方面的工程行为模拟，以及基于有限元方法求解非稳态、非线性冻土问题中用到的基本原理和数值分析方法。

1. 工程构筑物与多年冻土的热学相互作用

1）冻土工程中固体传热模拟方法

A. 经典固体传热模型

多年冻土区传热可用普遍适用的傅里叶微分固体导热方程式：

$$C \cdot \partial T / \partial t = k \nabla^2 T \tag{2.1}$$

式中，T 为温度；t 为时间；k 为导热系数；C 为热容量。

　　求解此类问题通常还必须给出初始条件和边界条件。初始条件表示土体在传热过程开始瞬间的温度分布，可通过整个求解域的平均温度水平进行赋值；对于非稳态问题的边界条件，通常可通过实测资料利用正弦函数进行拟合，也可通过附面层理论进行计算获得。实际问题中可包含三类边界条件：①边界上的温度值；②边界上的热流密度值；

③物体与周围流体间的表面换热系数 h 及流体温度 T_f。

B. 焓模型

数值计算中引入变量焓：

$$H(T) = \int_{T_0}^{T} C(T)\mathrm{d}T，对时间求导 \frac{\partial H}{\partial t} = \frac{\partial H}{\partial T}\frac{\partial T}{\partial t} = C(T)\frac{\partial T}{\partial t}，H（T）为焓。$$

该表达式与傅里叶微分固体导热方程式的左边一致。通过合理的热参数函数和微分方程中焓的转换，可以有效地对焓相变冻土的温度场进行数值计算。同时，焓隐含了相变区域，焓对于温度是一一对应的关系，在数值计算中可避免寻找相变界面的麻烦。

2）冻土工程中水-热过程分析模拟方法

经典固体传热模型和焓模型虽然能够描述冻土在冻融循环过程中的冰-水相变，应用也较为简单，但却无法描述冻融循环过程中土体内部的热质迁移过程。目前应用最广泛的冻土水热耦合模型是由 Harlan（1973）提出的：

$$\frac{\partial}{\partial x}\left[\rho_w K(x,T,\psi)\frac{\partial \varphi}{\partial x}\right] = \frac{\partial(\rho_w \theta_w)}{\partial t} + \Delta S$$

$$\frac{\partial}{\partial x}\left[\lambda(x,T,t)\frac{\partial T}{\partial x}\right] - C_w \rho_w \frac{\partial(v_x T)}{\partial x} = \frac{\partial(\overline{C}T)}{\partial t} \qquad (2.2)$$

$$\overline{C} = C(x,T,t) - L\rho_i \frac{\partial \theta_i}{\partial t}$$

式中，$C(x, T, t)$ 为热容量，x 为深度，T 为温度，t 为时间；ρ_w、ρ_i 分别为水和冰的密度；$K(x, T, \psi)$ 为有效导水系数，ψ 为基质势；φ 为总水头；θ_w、θ_i 分别为体积未冻水含量和体积冰含量；ΔS 为单位时间单位体积冰的变化；$\lambda(x, T, t)$ 为导热系数；C_w 为水的容积比热容；v_x 为水分迁移速率；$\overline{C}$ 为视容积热容量。

该模型合理描述了冻融过程中冰水转换过程和水热迁移过程。目前，已有学者将该模型扩展为二维和三维形式，并将其应用到寒区隧道、引水工程、桩基、热融湖塘、冻土路基工程的温度场、水分场模拟中（Lai et al., 2002）。后期许多水-热-力耦合模型也是从该模型中演变而来的（路建国等，2017）。

3）冻土工程中调控措施热学行为模拟方法

A. 含多孔介质区域冻土工程的气热耦合模拟方法

此类问题中，由于不同介质的传热特性和计算原理存在较大差异，在该类模型计算中通常将介质分为流体区、多孔介质区、固体区三个区域进行研究。为了简化计算，通常做如下三种假设：①假设气体不可压缩，密度是温度的函数（假设空气密度变化符合 Boussinesq 假设，即 $\rho_\alpha = \rho_0[1 - \beta(T - T_0)]$），气体传热、传质受连续性方程、动量方程、能量方程控制；②多孔介质与其内部流体处于局部热平衡状态；③忽略土层冻融过程中对流、质量运移等作用，仅考虑固体传热和冰水相变作用，其中，固体相变采用显热容法进行近似计算。对于上述非稳态问题，通常采用有限体积方法对控制方程组进行空间和时间上的离散，然后结合相应的边界条件，在每个时间步内采用逐次亚松弛迭代法进行求解。

B. 热管措施冻土工程的热状态模拟方法

首先，分别计算热管各个呈串联状态组件的热阻：冷凝段外壁与空气间的换热热阻 R_1（该热阻与外界风速 v_t 大小相关）、冷凝段固体壁的导热热阻 R_2、冷凝段的凝结换热热阻 R_3、工质的蒸发换热热阻 R_4、固体壁的导热热阻 R_5。然后，计算蒸发段与土接触界面的等效热流：

$$q = \frac{T_a - T_s}{\sum\limits_{i=1}^{5} R_i} = -\lambda_e \frac{\partial T}{\partial n} \pi d_o l_e \qquad (2.3)$$

由于暖季时热管不工作，故令暖季时 $q_s=0$、冷季时 $q_s=q$，其中 q_s 是蒸发段与土接触界面的实际热流值。

通过上述方法，结合经典固体传热模型或焓模型构建空气-热管-土体耦合数值传热模型，可通过商用有限元软件构建三维模型进行求解。

C. 管道通风措施冻土工程的气热耦合模拟方法

实测资料表明，通风管内外风速均较大，能够满足雷诺数 $Re \geq 104$ 空气发生充分湍流的基本条件。因此，对于通风管内外的对流换热问题，通常采用 Reynolds 时均方程，利用非稳态的控制方程对时间做平均可有效减少方程未知数的数量。为解决方程组的封闭问题，引入 k-ε 方程湍流模型进行计算。将通风管内流体与管壁界面设置为流-固耦合界面，定义固体界面对于黏性流体为无滑移边界，并假设界面处流体一侧与固体一侧的温度相等。其中，土层区的计算方法与"冻土工程中固体传热模拟方法"小节的计算方法一致，可通过商用有限元软件进行求解。

由于通风管是沿着管壁四周进行散热的，纵向管与通风管之间的温度场并不一致，因此无法将模型简化为二维问题进行分析，其同热管模型一样，需建立三维模型进行分析。

2. 工程构筑物与多年冻土相互作用过程中的变形问题

1）冻胀模型

冻胀过程多发生于季节冻土区的渠道工程、边坡工程、道路工程等。关于冻胀方面的模型有很多，代表性的有毛细模型、水动力模型、Miller 第二冻胀模型、抽吸力模型、分凝冰模型（陈肖柏等，2006）。目前，多数冻胀模型和水-热-力耦合模型均是从上述模型演化过来的。本节仅选取其中三个模型进行介绍。

A. 刚性冰模型

刚性冰模型在 Miller 第二冻胀模型理论的基础上，假设在冰透镜体与冻结锋面之间存在着一个低含水率、低导湿率和无冻胀的冻结缘，可由冰透镜体底面温度计算工程上需要的最大冻胀力。与其他模型相比，刚性冰模型在质量守恒方程中考虑了冰晶的移动、冻结缘内水热迁移的耦合现象,对分凝冰的产生、冻胀量以及冻结缘内参数给出了描述,但该模型参数较多且较为复杂,不易获取,从而限制了其后期发展。

B. 水-热-力耦合模型

通过传热方程与饱和水或非饱和水土体中水分运动方程,计算了冰水体积含量的变化,结合 Clausius-Clapeyron 方程求解了土体内一点出水压与冰压的关系;假设土颗粒不可压缩,冻胀过程中冻土的体积变化是由原土中部分水和迁移来的部分水冻结成冰引起的,且体胀变形各项相等,即

$$\varepsilon_{v_x} = \varepsilon_{v_y} = 1/3\varepsilon_v = 1/3 \times 1.09(\theta_0 + \Delta\theta - \theta_u) + (\theta_u - n_0) \qquad (2.4)$$

同时,引入蠕变应变增量向量(依据 Prandtl-Reuss 法则)和膨胀变形增量向量,推导出由蠕变和冻胀引起的等效节点力和变形的水-热-力耦合方程。

C. 考虑温度梯度、冻结速率、土体厚度和竖向压力的冻胀模型

通过试验结果,提出了考虑温度梯度、冻结速率、土样厚度和竖向压力的冻胀速率计算公式:

$$V = K\left(1 - \frac{P}{P_m}\right)\nabla T + \frac{P_h}{P + P_h}\left[a\left(\frac{v_f}{H} + b\right)^{-2} + V_{ult}\right] \qquad (2.5)$$

在此基础上得出了考虑水分迁移的冻土热扩散方程,最终提出了模拟冻胀和温度变化的数值模拟方法,利用 COMSOL Multiphysics 中 PDE 模块导入推导方程并进行了数值模拟,结果发现,模拟结果和实测结果吻合度较高。

2)融化固结变形模型

融化沉降问题多发生于多年冻土区含采暖设备的房建工程、道路工程等。融化固结变形模型可归结为以比奥(Biot)三维固结理论为基础的小应变固结变形模型和经欧拉变化修正之后的大应变固结变形模型两种。

小变形融化固结理论是 Biot 三维固结理论和热传导方程相结合构建的。这种方法继承了 Biot 三维固结理论的小变形假设,这种假设忽略了土体刚体旋转对应力的影响。当土体中含水量变化较大时会产生较大的误差,当土体最终体变(FVT)小于 10%时,预测结果较为准确,而当 FVT 超过 10%时预测精度急剧下降。

大变形融化固结理论突破了小变形假设,通过引入欧拉描述的应变速率张量和旋转速率张量,修正了总应变速率,消除了刚性转动的影响,保证了应力在土体构形发生刚性转动时的客观性,同时基于现时坐标系的描述方法,保证了数值程序能够实时更新节点坐标,当含水量较大时,能合理反映实际情况。

3)长期蠕变模型

蠕变模型可分为衰减蠕变和非衰减蠕变两大类,而非衰减蠕变又包含初始蠕变模型、第二蠕变模型、第三蠕变模型、全过程蠕变模型等。建立冻土蠕变模型的方法一般有 3 种,即①经验模型:目前常见的冻土蠕变模型多数是借鉴了金属蠕变理论,结合不同试

验条件下的蠕变曲线获取适用于冻土的蠕变参数，此类蠕变模型都没有从机理出发并推导，具有一定经验性和局限性。②元件组合模型：经典的流变模型有 Kelvin 模型、Burgers 模型、Bingham 模型以及 Nishihara 模型等。此类模型由一系列力学模型元件（基本的力学模型元件有虎克弹性体、牛顿黏性体和圣维南塑性体等）组成，概念直观，被广泛应用于描述岩土材料的蠕变特性。但此类模型无法很好地描述蠕变的全过程，尤其是加速蠕变过程。③应力-应变-时间模型：通过松弛模型试验和蠕变试验，基于流变理论框架，从本构入手，推导冻土的应力-应变-时间模型。

多年冻土区工程沉降变形除融沉、蠕变之外，还应包含冻融循环作用造成的冻土内部结构重新调整和土质劣化引起的沉降，这部分变形的定量化研究目前还较少，仍在探讨中。

2.4.2 冰区航行船舶和固定结构物抗冰能力数值模拟

1. 船体在冰区航行中的模态分析

采用梁单元模型和有限元模型计算破冰船整体振动的模态：基于 Timoshenko 梁理论和 Benscoter 理论建立船体的梁模型，将船体简化为多节点梁单元可以很好地计算四节点以下模型的振动固有频率。冰区航行时船舶的振动响应与冰荷载密不可分。对冰区船舶振动模态分析时，需在分析得到的固有模态的基础上，通过附加强迫荷载的方式将冰区航行时的冰荷载加入其中。采用离散元方法计算模拟海冰与船体的相互作用过程，从而确定船体在冰区航行时船体振动的"附连冰效应"。计算冰区航行时破冰船的振动响应，再通过与现场实测数据的对比，不断修正计算模型。

采用有限元方法研究船体结构的局部冰激振动：根据船体整体振动模态分析，确定船体振动响应相对较大的区域，如与冰直接作用的船艏、主机转动的舱室、船尾进行螺旋桨推进的位置等。通过外加载荷的方式分析得到破冰船在平整冰区、冰脊区、碎冰区等不同冰区航行时的振动特性；确定船体在航行过程中的航行方式、主机工作模式、螺旋桨推进模式对船体局部振动的影响，研究避免共振现象的方法和措施；分析船体局部振动和整体振动之间的对应关系。

2. 船体总冰力及破冰能力分析

航行方式对船体冰阻力影响的离散元分析：考虑船舶的锚泊、直航、转向等不同航行方式，建立船体的六自由度运动方程，采用离散元方法对船体结构的冰阻力进行计算。对于锚泊状态，采用非线性系泊力计算模型，分析船舶在冰区锚泊条件下的运动姿态；对于直航方式，则重点关注航速对冰阻力的影响，采用离散元方法分析在不同航速下船体冰压力和冰阻力的变化规律；对于转向情况，则主要考虑转向过程中海冰对船体作用部位的变化，分析海冰的破坏模式和冰荷载特性。

船体几何结构和局部刚度对船体冰荷载影响：采用有限元方法对船体结构进行构造，将船体外部结构离散为一系列的三角形壳单元，由此计算海冰与船体之间的相互作用。海冰与船体相互作用的过程主要是破冰船的船艏及水线部分与海冰接触，需要对该部分进行精细单元划分；对于远离接触区域的其他部位，则可适当增加船体单元尺寸，以提高计算效率。

3. 船体结构的局部冰压力

在海冰与船舶的作用过程中，由于船舶的竖直倾角较小，海冰主要发生挤压破坏并形成对船体的局部冰压力。采用离散元方法对海冰在船体上的挤压破坏过程进行数值计算，将海冰在冰厚方向离散为多层单元，由此计算船体上的冰压力，统计分析局部冰压力的分布规律。

4. 冰与螺旋桨相互作用产生的激振力

采用计算流体动力学方法，通过求解质量守恒方程、能量守恒方程和动量守恒方程，对流体流动过程进行数值模拟，计算流场区域内各部分物理量的分布情况。对海冰的破碎和运动特性采用离散元方法进行模拟。采用有限元软件建立螺旋桨结构的计算模型，并采用有限元方法计算螺旋桨结构的动力响应。

5. 船艏冲击破冰时的瞬态冰力

利用 FEM-DEM 耦合方法对"冲撞式"破冰过程进行数值模拟试验。试验条件主要包括不同船体结构、不同冲撞方式和不同冰况的组合。数值模拟试验冰况主要变换冰层厚度、温度、盐度等。计算模拟破冰船冲上冰层、压碎冰层，以及冰阻力船速减为零的完整破冰过程，并观察该过程中冰的破坏形式，冰阻力大小，局部冰压力分布，船体的动荡、摇曳及偏航情况等。

2.4.3 冰区航行固定结构物抗冰能力数值模拟

如图 2.4（a）给出了 JZ20-2 MUQ 导管架平台，它属于四腿导管架平台，每个桩腿上都安装了相似的破冰锥体，安装的破冰锥体及破冰过程如图 2.4（b）所示。一般认为，冰排与窄锥结构作用时，从锥体边界到冰排内部会出现径向裂纹及环向裂纹，最后冰排产生弯曲破坏并形成许多楔形冰板。冰排发生弯曲破坏后，碎冰块会在后续冰的作用下继续沿锥面上爬，在上爬过程中翻转跌落到后续的冰排上，随着后续碎冰的上爬，这些碎冰会滑向锥体的两侧并绕过锥体。在冰破碎之后，冰对锥体的作用力将被释放，因此在上爬及清除过程中冰力将迅速降低，在后续冰排到达锥体之前，冰力将降为零。

单个圆锥形边界单元可以构造 JZ20-2 MUQ 导管架平台上的锥体结构，锥体部分的离散单元模型（DEM）如图 2.5 所示。海冰的厚度离散单元模型采用规则排列方式来构造。在冰与直立结构相互作用破碎过程的 DEM 模拟中，采用圆柱形边界单元来构造直立腿结构，如图 2.6 所示。

(a) JZ20-2 MUQ导管架平台　　　　　　　　　　　　(b) 破冰锥体

图 2.4　海冰与锥体结构的相互作用过程（由季顺迎提供）

图 2.5　JZ20-2 MUQ 导管架平台锥体结构的　　　　图 2.6　JZ9-3MDP-1 平台直立腿结构的
　　　　DEM 模型（由季顺迎提供）　　　　　　　　　　DEM 模型（由季顺迎提供）

思 考 题

1. 围绕冰工程问题的调查、试验和数值模拟的技术方法有哪些？
2. 冻土工程和冰工程在运营期间观测或者监测内容、频率方面的异同和原因？
3. 思考冰冻圈工程模拟的重要性。

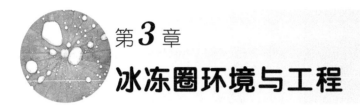

第3章

冰冻圈环境与工程

本章主要从冰冻圈各要素视角，阐述了不同要素的分布和特征，特别是从冰冻圈灾害角度，分析了冰川、积雪、冻土、河湖冰、海冰对工程的影响。从一般性原理上认识冰冻圈环境与工程的相互关系。

3.1 冰川对工程的影响

3.1.1 冰川分布及特征

冰川是寒冷地区多年降雪积聚、经过变质作用形成的自然冰体，其在重力作用下有一定的运动。冰川以冰为主体，还包含一定数量的空气、液体物质和岩屑。冰川从积累、运动到消融的过程中，在动力和热力作用下，贯穿着水分和热量不断收支变化，冰川与大气、冰川与冰床之间的相互作用构成了一个复杂的系统。冰川主要分布在南极和北极地区及中低纬度的高山，如我国西部高山上也有大量冰川存在。世界陆地面积的 11% 被冰川覆盖，淡水资源的 80% 积聚在冰川上，而在第四纪冰期时，冰川覆盖范围更扩大到世界陆地面积的 30% 以上。

冰川是自然界中最宝贵的淡水资源。地球上陆地面积的 10% 被冰覆盖，80% 的淡水保存在冰川上。尽管冰川储量的 96% 位于南极大陆和格陵兰岛，但是其他地区的冰川由于临近人类居住区而更有利用的现实意义，特别是在亚洲中部干旱区，历史悠久的灌溉农业一直依赖高山冰雪融水。全球冰川的覆盖面积约 $16 \times 10^6 \ km^2$，冰储量达 $3.6 \times 10^7 \ km^3$。南极冰盖是世界上最大的冰盖，面积达 $1.36 \times 10^7 \ km^2$，格陵兰冰盖面积约为 $1.8 \times 10^6 \ km^2$，山岳冰川的面积合计约为 $5 \times 10^5 \ km^2$，三者的体积之比约为 90∶9∶1。如果除去南极和格陵兰冰盖，则剩余冰川和冰帽的面积约 $6.8 \times 10^7 \ km^2$。

根据第二次冰川编目的最终统计（刘时银等，2016），中国共发育有冰川 46298 条，面积 59406 km^2，冰储量 5590 km^3。在世界冰川的统计中，中国冰川面积占全球冰川（冰盖）总面积（约 $1.6 \times 10^7 \ km^2$）的 0.4%，分别占世界山地冰川面积（$4.11 \times 10^5 \ km^2$）和亚洲山地冰川面积（$1.25 \times 10^5\ km^2$）的 14.5%和 47.6%，在世界冰川资源中占有重要地位。

西藏的冰川数量多、面积最大，但新疆单个冰川的规模大，冰储量最多。中国面积大于 $100\ km^2$ 的 27 条冰川中，新疆就占有 21 条（78%），因而其冰川平均面积也较大。云南的冰川只分布在玉龙雪山和梅里雪山，冰川数量少，冰川面积也不大。西藏的冰川分布于喜马拉雅山、念青唐古拉山、喀喇昆仑山东段南坡、昆仑山南坡和青藏高原内部等。该区发育有冰川 22468 条、面积 28645 km^2 和冰储量 2533 km^3，是中国冰川条数最多和面积最大的地区，但冰储量和冰川平均面积均小于新疆。由于西藏南北和东西跨度大，冰川发育的水热条件存在悬殊的地区差异，所以冰川分布极不均匀，冰川类型也各不相同。西藏冰川水资源在灌溉上意义不如内陆干旱区的新疆和甘肃，但在冰川水能利用方面潜力巨大，冰川在调节河川径流中也具有重要作用。

甘肃冰川分布在祁连山北坡，归属于河西走廊水系，共有冰川 1613 条、面积 866 km^2 和冰川储量 36 km^3。发源于祁连山和党河的冰川全部在甘肃境内，而黑河、北大河和疏勒河的主分水岭与青海和甘肃的省界不相吻合，因而这些河流内的冰川不完全属于甘肃，使甘肃的冰川数量和规模均小于青海，在全国所占比例也很小。但实际上其位于内陆干旱的河西走廊水系，冰川面积达 1335 km^2，水资源的经济价值高，是河西商品粮基地赖以发展的命脉。

新疆的冰川分布在阿尔泰山、天山、帕米尔高原、喀喇昆仑山和昆仑山，包含在额尔齐斯河、准噶尔内流河、中亚细亚内流河和塔里木内流河等水系中。该区发育有冰川 18499 条、面积 25342 km^2、冰储量 2696 km^3，约占中国冰川总储量的 48.23%，是中国冰川规模最大和冰储量最多的地区。新疆地处内陆干旱区，冰川在水资源的构成中占有重要地位，是该区工农业生产赖以发展的重要保证。

青海的冰川分布在祁连山、东昆仑山和唐古拉山等山脉，其融水汇入长江、黄河和柴达木内流河水系。青海共发育有冰川 2965 条、面积 3675 km^2 和冰储量 265 km^3，冰川数量和规模仅次于西藏和新疆，位居第三。长江和黄河均发源于青海境内的冰川区，其融水对于补给和调节江河上游径流具有重要意义，而环绕干旱少雨的柴达木盆地的山脉，其上发育的冰川对于该区灌溉农业和石油化工等工业的发展具有重要的经济价值。

按流域划分，中国内流区发育有冰川 26894 条、面积 35390 km^2 和冰储量 3565 km^3，分别占全国相应冰川总量的 58.09%、59.57%和 63.78%，冰川平均面积达 1.32 km^2。在内流区中，被高大的天山、帕米尔高原、喀喇昆仑山和昆仑山所环绕的塔里木内流河的冰川数量最多、规模最大，其面积和储量分别占内流区相应总量的 56%和 65%，冰川平均面积高达 1.70 km^2。外流区的冰川是中国长江、黄河、雅鲁藏布江等大江大河的发源地，发育有冰川 19404 条、面积 24016km^2 和冰储量 2025km^3，分别占全国相应冰川总量的 41.91%、40.43%和 36.22%，冰川规模相对内流区较小。在外流区中，雅鲁藏布江冰川最为发育，其面积和冰储量分别占外流区相应总量的 45.68%和 50.09%，是外流区冰川数量最多和规模较大的流域。冰川面积多于 1000 km^2 的河流依次有恒河西支、长江、怒江、印度河和鲁希特河。恒河西支在我国境内有朋曲、麻章藏布和吉隆藏布等河流，其中朋曲的冰川面积为 1357 km²，其余河流冰川数量少，冰川规模也不大。

长江源于唐古拉山沱沱河源的姜古迪如冰川，共发育有冰川 1332 条、面积 1895 km² 和冰储量 147 km³，在其金沙江、雅砻江、嘉陵江等支流都有冰川分布，其中面积 75% 的冰川分布在金沙江，其余河流冰川零星分布，冰川规模也很小。怒江位于藏东南地区，受西南季风强降水的影响，也发育了数量较多的冰川，冰川面积和储量分别达 1730 km² 和 115 km³，是横断山山间纵向河流中冰川最多的河流。印度河在中国境内仅有狮泉河和象泉河两条支流，冰川面积也可以达到 1451 km²，但冰川个体规模较小。

3.1.2　冰川灾害对工程的影响

随着气候变暖，我国的极端冰雪灾害事件频繁发生，且发生频率呈显著增加趋势，影响范围也逐渐扩大。气候变暖导致冰川加速消融，冰川消融使洪水发生频率和影响程度呈增大趋势。随着气候的进一步变暖，冰冻圈变化对我国冰川灾害和工程建设等方面的影响将会日益凸显。因此，开展全球气候变化背景下冰冻圈变化对冰雪灾害形成机理及其变化趋势的研究，对冰冻圈作用区工程建筑物的安全具有重要的指导意义。

从冰川灾害来看，新疆塔里木河最重要的补给河流——阿克苏河与叶尔羌河源区冰湖溃决突发洪水灾害，对其下游的阿克苏和喀什地区等有显著影响；喜马拉雅山中段北坡、念青唐古拉山中段南坡及喀喇昆仑山的冰碛湖溃决突发的洪水、冰川消融的洪水是川藏、新藏、中尼（尼泊尔）、中巴（巴基斯坦）公路最为严重的灾害类型。例如，2002 年 9 月，位于山南地区洛扎县贡祖（鼓粗）沟上游的德嘎普湖湖堤决口，引发了特大洪水和泥石流灾害，冲毁农田 191 亩[①]、林卡 100 余亩、水渠 8 条（长 7.5km）；冲毁 5.5 kW 水电站 1 座及部分防洪堤；毁坏县级公路 17km、乡村公路 8km、桥梁 13 座；冲走牲畜 293 头（匹、只），边防公路中断，损失重大。新疆河流洪水统计表明，20 世纪 50～60 年代为洪水多发期，70 年代一直到 1986 年为洪水少发期。但从 1987 年起，洪水明显增多，尤其是 1993～2000 年连续 8 年出现高频次洪水，其中多与冰川融水有关。1997 年 7 月，由暴雨和冰川融水产生的特大洪灾造成新藏公路 40 多公里长的路基和数十座桥涵被吞噬。

全球气候变暖所导致的山地冰川加速消融退缩和冰湖扩张，已引起了冰湖溃决洪水等重大冰川灾害发生频率的加剧和影响程度的加大。对青藏高原东南部帕隆藏布流域冰湖统计，结果表明，该流域目前共有冰湖 720 个（其中 1970～2000 年新增 142 个冰湖），1970～2000 年冰湖面积扩大了 5.5%，其中面积扩大超过一倍的有 97 个；青藏高原东南部尼洋河流域共有冰湖 1095 个，1970～2000 年新产生的冰湖有 34 个。藏东南地区冰湖

---

① 1 亩≈666.7m²。

多为冰碛阻塞湖。据统计，从 20 世纪 30 年代中期到 90 年代中期的 60 余年间，西藏境内共有 13 个冰碛湖发生过 15 次溃决，都形成了规模巨大的洪水和泥石流灾害。在 20 世纪 80 年代以来的剧烈增温过程中，冰川消融加剧、冰温升高、冰川流速加快，从而造成冰湖增多和库容增大，冰湖溃决洪水的发生呈增加趋势。随着未来气候的进一步变暖，冰湖溃决灾害将更加严重。

全球气候变暖所导致的冰川加速消融退缩，不仅引起了海平面上升、水资源短缺等环境问题，而且也引起了冰湖溃决洪水和冰川消融洪水等重大冰川灾害发生频率的加剧和影响程度的加大。然而，由于冰川灾害直接威胁到下游地区人民生命财产、基础设施建设和交通安全等，目前许多存在山地冰川的国家都十分重视冰川消退所导致的冰川阻塞湖和冰碛阻塞湖等冰湖扩张变化及其溃决引发的洪水及泥石流灾害研究。中国是世界上中低纬度冰川最发育的地区，冰川消退而出现的大量冰湖扩张与新冰湖的形成，将是未来我国西部山区经济建设与发展过程中面临的巨大潜在隐患与危害。受交通条件、财力和人力投入强度等影响，对大部分冰川冻土灾害类型监测的水平相对较弱，对各灾种发生的预测技术、预警技术还不够重视，如何应对气候变化影响的知识应用、技术储备、技术创新集成等方面还处于空白。通过地面调查、遥感监测、动态模拟与过程分析技术集成，冰川-融水-降雨水文预测技术一体化，建立集成的预警和预报系统，为减轻灾害对人民财产安全和基础设施安全运营的影响提供技术支撑。

3.2　积雪对工程的影响

3.2.1　积雪分布及特征

积雪因其广阔的分布面积，对冻土冻融过程的影响受到普遍的关注。近年来，特别是从 20 世纪 80 年代开始，伴随全球气温持续升高，北半球的积雪分布面积呈现减小的趋势。与北半球的变化趋势不同，我国西部地区积雪的近期变化较为复杂，在青藏高原及其周边地区，积雪呈现略微增加的趋势，新疆等西北地区的积雪变化波动较大，无明显的变化趋势。冷季降水特别是降雪的增加有利于积雪的积累，但更高的气温不仅可以改变降水的类型，使更多降雪过程转化为降雨过程，而且可以导致积雪消融而不利于雪盖的积累。未来气候变化的不确定性将在一定程度上对全球和区域的积雪分布和积雪特性产生影响。积雪较低的热导率限制了土壤和大气间的能量运移过程，在冷季，大气层的冷储无法到达地面，从而限制了冻土的发育过程。另外，积雪较高的反照率致使到达地表的短波辐射能骤减，从而导致地表获得的能量减少。

风雪流灾害在我国分布非常广泛，约占全国总面积的 55.2%。风雪流灾害最严重的地区主要为天山、阿尔泰山、藏东南及滇北、川藏公路、青藏公路唐古拉山一带以及大兴安岭西侧、燕山北麓等地。我国冰雪灾害种类多、分布广，东起渤海、西至帕米尔高原、南至高黎贡山、北抵漠河，每年都受到不同程度的冰雪灾害的影响。历史上我国的冰雪灾害不胜枚举，随着 20 世纪 60 年代中期开始的全球增温，青藏高原及其四周山区等地降雪和积雪明显增加，导致风雪流对农牧业生产的危害更趋严重。1951～2000 年我国发生范围大、持续时间长且灾情较重的雪灾就达近 10 次。我国冰雪灾害呈线、面状分布，且多数发生在经济基础较薄弱的西部少数民族地区，这些地区抗灾能力差，因灾经济损失相对较大，冰雪灾害已成为制约我国国民经济发展的重要因素之一。因此，进行风雪流及防治研究对冰冻圈区域工程基础设施的影响具有重要的理论意义和实用价值。

风雪流的形成必须具备三个条件：降雪、障碍物和使雪粒能够起动运行的风。降雪和积雪是风雪流的物质来源，而风则是风雪流形成的动力，决定着风雪流的发展方向和运动规律。当穿过雪源的风速达到一定数值时，沿雪表面呈水平与垂直运动的微小涡旋群把雪粒卷入气流，在地面或近地气层中运行。影响雪粒起动的因子较多，其既与积雪本身的物理力学性质（如积雪密度、雪粒粒径、积雪深度、硬度等）有关，又与太阳辐射、气温、地温、地面粗糙度等相联系。例如，气温低于$-6℃$时，刚下的干燥新雪（粒径小于 1.0 mm，平均密度 0.06 g/cm^3）的起动风速为 2.0 m/s；细雪（粒径小于 0.5 mm，平均密度 0.18 g/cm^3）的起动风速为 3.7～4.3m/s，至于老细粒雪（粒径 0.5～1.0 mm，平均密度 0.23 g/cm^3）则要 6～8 m/s 的风速才能起动。随着时间的推移，新雪经过多次搬运并在温度梯度作用下，其密度不断增大。最初积雪密度与起动风速呈线性关系，随着积雪密度增大，二者则呈指数关系。区域地形对风雪流的形成和演化也有很大的影响。地形的急剧变化，如电力构筑物使风雪流减弱或产生较大涡旋，使其向前运移变为倒转，致使雪粒发生由运行到沉积的转变。

北疆阿尔泰山和天山地区所处的位置和地形有利于西风气流入侵，从而形成降水丰富、积雪深度大、积雪日数多等气候现象，同时其低密度雪的低摩擦力便于雪粒启动，使得这两个地区是我国风雪流出现最频繁和危害最严重的地区。对 1960～2014 年新疆积雪深度和积雪日数以及新疆雪灾频次的空间分布与年际、年代际变化特征进行分析发现，新疆积雪深度最大的区域是阿勒泰地区的东北部，而积雪日数最长的区域则出现在伊犁与天山中段；1960～2014 年新疆气象雪灾主要发生在阿勒泰地区、伊犁地区和博尔塔拉蒙古自治州地区、塔城地区的东部；1960～2014 年北疆地区气象雪灾发生频次平均为 49次/10 年。2000～2010 年新疆年雪灾累计次数总体呈上升趋势，利用空间自相关方法分析发现，新疆年、月雪灾频率（除 3 月）在空间上呈现显著的聚集现象，雪灾高聚集地从北疆最北部往北疆南部转移，主要形成阿勒泰地区、塔城地区和伊犁地区三大显著高雪灾频率聚集地。有气象记录以来，阿勒泰地区遭受的两次最大雪灾，均造成巨大财产损失并有人员伤亡：第一次最大雪灾出现在 1966 年，该年冬、春季寒潮频繁，暴风雪不断出现，导致阿勒泰地区平原雪深在 1 m 以上，山区达 2 m 以上，阿勒泰地区牲畜死亡达 80 万头（只），死亡率高达 45%。第二次最大雪灾出现在 2010 年 1 月。2009/2010 年冬季，新疆北部最大积雪深度为 99 cm，这也是 1961 年以来出现在新疆北部的最大积雪深度；阿勒泰、塔城北部地区最大积雪深度为 40～99 cm，伊犁河谷地带为 38～89 cm，北疆沿天山一带为 17～69 cm；新疆北部共有 31 站冬季积雪异常偏厚，其中 20 站严重异常偏厚，主要分布在阿勒泰、塔城北部地区和北疆沿天山一带，阿勒泰、富蕴等 16 站冬季最大积雪深度突破历史同期极值；2009/2010 年冬季，新疆北部 31 站积雪日数超过 120 天，范围之大，处于历史同期第三位。2010 年 1 月以后极端降水事件的出现频次和范围显著增大，最终导致 60 年一遇的寒潮暴雪袭击了新疆北疆大部分地区，阿勒泰地区和塔额盆地连降暴雪，部分地区降雪幅度突破历史同期极值。此次暴雪灾害造成新疆 9 个地州 31 个县市受灾，财产损失巨大，且影响深远。

新疆地区雪灾危害已引起广泛关注，尤其是 2008 年南方遭受冰雪凝冻灾害之后，诸多研究人员和机构在阿勒泰地区开展了积雪及灾害研究，研究主要集中在积雪的时空分布、融雪洪水等领域，灾害防治方面的研究则主要分布在公路、铁路及农牧业等行业。关于新疆阿勒泰地区危害较大的风雪流研究以及积雪的保温效应对冻土工程的影响研究较少。

我国高寒山区面积为 42 万 km^2，主要分布在青藏高原及其近邻地区、东北、新疆北部、天山地区和昆仑山。这些地区积雪丰富，年平均积雪日数大于 150 天。积雪保护着山地植被安全越冬，维护着生态平衡。然而，冬季积雪灾害也经常阻塞山区道路、中断交通、破坏森林和矿山生产建设，更为严重的是使人畜出现生命危险，其成为山区经济建设亟待解决的严重问题。例如，1966 年、1989 年和 1997 年的 3 次大雪年，新疆境内的伊宁—若羌公路山区段全线发生雪崩，多次造成伊宁—若羌公路交通中断，其中 1997 年 1 月 3 日，伊宁—若羌公路 K268—K309 段雪崩把 3 辆卡车冲出路基，把一辆东风汽车冲击到近百米深的河谷。而新疆境内的另一条独山子—库车的公路由于雪害，只能季节性通车，从而严重制约了交通运输和当地的经济发展。

3.2.2　积雪灾害对工程的影响

风吹雪灾害是我国北方公路上频发的雪害之一。每年由于受气候的影响，我国新疆、内蒙古、吉林和黑龙江等省（自治区）都有强大的风吹雪出现，致使公路严重积雪、能见度极低、交通中断、车辆被埋、冻死冻伤过往人员的现象时有发生，给公路交通安全带来较大的影响。公路风吹雪造成的雪阻几乎年年发生，一旦发生雪阻，就会对该地区人民的正常生活和工农业生产带来严重的影响。

雪阻类型有两种：一种是积雪型，即自然降雪大，而且天气无风，积雪就越来越厚，当路面积雪厚度超过 30 cm 时，汽车运行困难，车辆打滑形成的雪阻；另一种是风吹雪型，即风雪流背风沉积所造成的雪阻。受西伯利亚寒流影响，黑龙江冬季盛行西北风，降雪时往往是风雪交加，即风速大于雪粒的起动风速，雪粒随风漂流，形成强烈的风雪流。当风雪流到达公路之前一定范围时，受地势、植被等因素影响，风速降低到小于雪粒的起动风速，雪粒就在公路一定范围内沉积，并且越积越厚，逐渐埋没公路，最终形成严重雪阻，致使交通中断。

风吹雪的危害归结起来有视线障碍和背风积雪障碍两种，无论哪一种危害都会引发交通事故或者使交通中断。这两种危害给风吹雪地区冬季交通安全的保障带来了许多困难。

（1）视线障碍危害：能见度是指视觉能够识别物体的最远距离。风吹雪发生时不仅能见度变差、视距变短，还能在较短的时间内使视距急剧下降，易造成驾驶人员判断失误，对车辆的运行来说非常危险。能见度变差不仅对运行车辆影响很大，而且对性能优越、能高速运行的除雪机械同样阻塞很大，并使运转操作效率降低。视距对运行车辆来说非常重要，当汽车的制动距离比当时的视距长时，发生交通事故的概率就非常高、危险性极大。由于风吹雪使视距剧烈变化，视距可从 100 m 以上的状态在数秒间变成了无视距的白色世界。视距急剧变化使交通事故发生的概率加大，多辆汽车发生连续碰撞，因此视距对交通安全的影响很大。

（2）背风积雪危害：当地面积雪厚度为 10 cm 时，因路基轮廓不清，车辆应慢速行驶；当积雪厚度为 20 cm 时，车辆的行驶困难，但勉强可以行进；当积雪厚度达到 30 cm 时，一般车辆均不能行驶。而风吹雪所形成的背风积雪，其厚度远远超过 30 cm，有时甚至达到数米厚，造成交通完全阻断。风力搬运雪的输雪量和风速的 n 次方（$n=2\sim7$）呈比例关系，当风速变小时，飞雪中的一部分将停止移动变成背风积雪。背风积雪主要发生在风吹雪变化、风速突然减弱的地方。例如，构造物的周围、地形不连续的部位、挖方路段和除雪时在路侧产生的雪堤等部位，都容易造成背风积雪。规模大的背风积雪可使交通中断，规模小的则形成雪垄，易使车辆在通过时，驾驶员把握不稳方向而导致事故，使交通受到阻碍。

（3）风吹雪对道路的危害类型：影响近地层风速变化的诸多因素中，主要是地表面的粗糙度和地物与地形的变化。在条件相同的情况下，不同的横断面形状的路基及其附近的各种微地貌的组合构成不同的风雪流场，因而导致风吹雪堆数量和形态的差异。

（4）弯道绕流雪粒堆积：根据风雪流流向与道路弯道走向交角的不同，其影响程度各有差异。其一，当风雪流沿弯道转弯时，在弯道内侧形成涡旋区，风速下降，导致风吹雪大量堆积；其二，当风雪流从山坡间沟谷垂直吹向道路走向时，在路基附近地形豁然开阔，在路面形成喇叭状流场，造成风雪流绕流或辐散，风速下降，致使雪粒在路面堆积。

（5）路堑雪粒堆积：当风雪流垂直吹经路堑时，断面急剧扩大和下风边坡的阻塞作用，使路堑内涡旋尺度和强度都较大，风速下降，大量风吹雪粒堆积于路堑中。此外，由风洞试验得知，路堑下半部，尤其是底部的回流现象相当强烈，并且在路堑上风侧边坡上出现风速最小区,故雪粒堆积首先在该区域形成并以雪檐形式逐渐向路堑中心发展,影响车辆通行。

（6）过高路堤雪粒堆积:当风雪流以垂直方向吹过高路堤时,气流沿迎风坡面而上,速度增大,至路肩处风速最大;即使在路面贴地气层发生分离也不会形成大量雪粒堆积,但一过下风面,气流速度急剧减低,越过路面的粒雪部分沉积于下风面坡脚附近。

3.3　冻土对工程的影响

3.3.1　冻土分布及特征

冻土是指温度低于 0℃ 且含有冰的特殊岩土,它具有特殊的工程性质。依据冻土存在时间,一般将冻土划分为多年冻土（2 年以上）、季节冻土（半月至数月）和短时冻土（数小时至半月）。由于气候是冻土分布的主导因素,受纬度和高度控制的多气候带特征导致各种冻土在我国均有分布（周幼吾等,2000）。冻土是大气圈与地壳表层物质间热交换过程在漫长历史中形成的热平衡产物,大气和地表环境条件控制着多年冻土的生存、发育及发展过程。大的气候环境控制着冻土的空间分布格局,局部的地质、地貌、植被、水文等影响局地多年冻土的分布、发育和特征。

我国的多年冻土包括分布于东北地区的高纬度多年冻土与西北高山区和青藏高原的高海拔多年冻土（周幼吾等,2000）。高海拔多年冻土约占多年冻土总面积的 92%。季节冻土分布以 1 月平均气温 0℃ 等温线为南界或下界,东部地区大致与秦岭—淮河一线一致,西部大致与青藏高原的西南界限一致（周幼吾等,2000）,包含我国东北、华北、西北和青藏高原多年冻土外的大部分地区,面积约占我国国土总面积的 55%。短时冻土的南界大致沿 25°N 线摆动,气候条件属湿热亚热带季风气候区,面积占国土面积的 20%以下（表 3.1）。

表 3.1　我国多年冻土分布面积统计表　　　　　　（单位：10^4 km^2）

多年冻土类型	地区	多年冻土区面积	多年冻土面积
高纬度	东北北部	38.6	11.6
	天山	6.3	6.3
高海拔	阿尔泰山	1.1	1.1
	青藏高原	129.9	129.9

1. 青藏高原多年冻土分布特征

青藏高原较高的海拔和严酷的气候条件使得高原上发育着世界上中低纬度区海拔最

高、面积最大的多年冻土。受海拔、纬度和经度控制的气候条件是多年冻土分布的主要影响因素，多年冻土下界向北、向东逐渐降低，大致与年平均地温–2.5～–2.0℃等温线相当，纬度下降 1°，冻土下界升高 150～200 m。在其他条件相似的条件下，海拔每升高 100 m，冻土温度下降 0.6～1℃，厚度增加 15～20 m（周幼吾等，2000）。分布于青藏高原边缘山区的高山多年冻土主要受海拔的控制，在垂直投影的平面上表现为不连续岛状，如阿尔金山-祁连山、冈底斯山-念青唐古拉山、横断山和喜马拉雅山等高山多年冻土区；而处于羌塘高原的多年冻土则具有较好的连续性，连续度在 60%以上，为大片连续多年冻土。

青藏高原多年冻土分布特征既受高度地带性、纬度地带性的制约，又受坡向、植被、雪盖、地质构造和地下水等区域因素的强烈影响。纬度每升高 1°，地温降低 1℃左右，冻土厚度增大 20～30 m；海拔每升高 100m，地温下降 0.8～0.9℃，冻土厚度增大 20 m 左右。青藏高原多年冻土面积约为 $1.4×10^6$ km^2，约占本区总面积的 67%。多年冻土在平面上大致分为四个区域、即阿尔金山-祁连山高山多年冻土区、青南-藏北高原大片连续多年冻土区、藏北高原南部大片岛状多年冻土区、念青唐古拉山和喜马拉雅山高山岛状多年冻土区。其中，青南-藏北高原大片连续多年冻土区是青藏高原多年冻土的主体，面积约为 $6.07×10^5$ km^2，海拔为 4500～5000 m，年均气温低于–3.6℃，位于其西北部的低温中心的年平均气温低于–6.0℃，多年冻土较为发育。

2. 西部高山区多年冻土分布特征

西部高山区多年冻土主要分布在阿尔泰山和天山地区。阿尔泰山境内高海拔 2200 m 以上存在着多年冻土，2200 m 以下为季节冻土区。多年冻土分布下界出现在中山带中部，即海拔 2200 m 的沼泽化洼地的泥炭层中，以及海拔 2560～2660 m 阴坡上的冰碛洞穴和矿井中。在海拔 2800 m 以上，除少数构造地热融区外，多年冻土会在各地貌单元上分布，即基本连续分布或大片分布。据推算，阿尔泰山冻土的年平均地温，在岛状冻土带为–1.0～0℃，大片基本连续冻土带为–5.0℃，多年冻土厚度为几米到 400 m。天山地区高山多年冻土分布总面积为 $6.3×10^4$ km^2，决定冻土分布的主导因素是海拔，在天山地区发现多年冻土下界最低海拔阴坡为 2700 m、阳坡为 3100 m。特别是冬季逆温对多年冻土分布具有一定的影响，但逆温带均在多年冻土下界之下。天山多年冻土分布下界是南高北低、西高东低。多年冻土的厚度、温度及稳定性亦随海拔的变化而变化（邱国庆，1988）。在多年冻土下界附近，冻土温度较高（–0.2～–0.1℃），在垂直方向上的温度梯度接近于 0℃/m，冻土厚度不足 20 m。在不稳定型与稳定型冻土之间存在过渡带。受各种条件的影响，冻土厚度随海拔的变化值也因地而异。多数地区一般可在高海拔处遇到稳定型多年冻土。

3. 东北多年冻土分布特征

东北高纬度地区是我国第二大多年冻土区，介于 46°30′ N～53°30′ N，海拔大多在 1000 m 以下，多年冻土面积近 40 万 km² （周幼吾等，2000）。受纬度地带性的制约，伴随着年均气温由北向南逐渐升高，多年冻土的连续性从 80%以上逐渐减小到南界附近的 5%以下，由大片分布至岛状和稀疏岛状甚至零星分布。随着年均地温由北部的–4℃逐渐升高到南部的–1～0℃，多年冻土厚度由上百米减至几米。兴安岭北部（牙克石以北）以高纬度冻土为主，而其南部则以山地冻土为主，从多年冻土南界往北，冻土面积由 10.5%～20%增加到 70%～80%；冻土温度由–1～0℃下降到–2～–1℃，最低达–4.2℃；冻土厚度由 5～20 m 增厚到 60～70 m，局部超过 120 m；多年冻土分布面积上的连续性也由零星岛状过渡为岛状融区到最北部呈大片分布。在我国东北的兴安岭和俄罗斯的外贝加尔地区，积雪、植被、水分、地形和大气逆温等局地因素导致的温度位移十分显著，因而形成与极地和高海拔冻土截然不同的兴安-贝加尔型多年冻土（周幼吾等，2000）。从冻土温度和厚度来看，冻土具有温度较高、厚度不大的特点，大部分区域的冻土温度为 –1.5～0℃，冻土厚度不足 50 m，其中大片的岛状冻土区温度只有–1～0℃，厚度不到 20 m，为多年冻土与季节冻土的过渡地带，对外界环境因素的改变敏感（表 3.2）。

表 3.2　中国东北多年冻土的分布特征

多年冻土区	年平均气温 /℃	年平均地温 /℃	连续程度 /%	多年冻土厚度 /m
大片多年冻土	<–5	–4～–1	70～80	50～100
大片-岛状多年冻土	–5～–3	–1.5～–0.5	30～70	20～50
岛状多年冻土	–3～0	–1～0	5～30, <5	5～20

按气温年较差（最高月平均气温与最低月平均气温之差，A）与年平均气温（T_a）的关系（A/T_a），可将东北多年冻土在水平方向上划分为三个亚区：大兴安岭北部大片连续多年冻土亚区；大兴安岭中部大片-岛状多年冻土亚区；小兴安岭稀疏岛状多年冻土亚区（周幼吾等，2000）。大兴安岭地区多年冻土温度和厚度总体格局受纬度控制，同时也受到其他自然地理地质条件的影响，地域环境条件的不同组合是影响多年冻土温度和厚度地域分异的根本原因。

3.3.2　冻土与工程的相互作用

冻土含有丰富的地下冰，是一种对温度和外界环境极为敏感的土体介质。因此，在气候变化、工程作用和人类活动影响下，冻土将产生冻胀和融化下沉。冻融灾害季节性强，冬春季产生冻胀、夏秋季产生融沉，约 75%冻土区会存在冻融灾害。同时，冻融灾害具有频发性和反复性的特点，其会随着气候变化和人类活动的加强逐渐显现。

　　在占我国国土面积75%的多年冻土区和季节冻土区，工业与民用建筑、水利设施、隧道、桥梁等因冻融过程常出现大量灾害，这些冻融灾害不仅严重影响工程的安全运营，而且产生了较大的经济损失。

　　作为重大工程构筑物的地质承载体，冻土与重大工程具有复杂的相互作用关系。一方面，重大工程热扰动会直接导致其下部冻土快速融化和升温，引起工程构筑物发生冻胀和融化下沉变形；另一方面，冻土变化也会诱发冻融灾害的发生，如热融滑塌、融冻泥流、冻土滑坡等，影响重大工程稳定性和安全运营。冻土对不同类型工程的热扰动影响具有不同的响应特征，输油（气）管道是一种内热源，对管道下部冻土将产生重大的热影响，极易引起输油（气）管道下部冻土产生强烈的融化下沉，造成其工程服役性能降低。为此，阿拉斯加输油管道工程采用了地面架空穿越多年冻土区的设计方案，特别是采用了热虹吸管和桩基集成的热桩基础来减少工程热扰动对冻土热稳定性的影响（图3.1）。公路、铁路工程是一种表面热源的线性工程，修筑路堤显著地改变了地表能量平衡，对冻土热稳定性产生较大的影响。因此，青藏铁路采用了冷却路基、降低冻土温度的设计新思路（图3.2），从根本上解决了高温高含冰量冻土路基的稳定性问题。青藏公路工程仅采用了抬高路基和使用保温材料的措施，未能有效地保护路基下部冻土热稳定性。水利设施具有强烈的水力渗透热影响，房屋基础存在人为采暖的热影响，这些不同类型的工程需要采用不同设计方法和冻融作用影响的防治技术，以实现控制重大工程稳定性的目的。

图3.1　阿拉斯加输油管道工程

采用地面架空穿越多年冻土区的设计方案，确保高含冰量多年冻土的稳定性

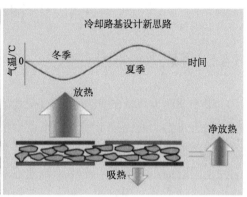

图 3.2　青藏铁路冷却路基、降低冻土温度的设计新思路

　　重大工程与多年冻土相互作用研究主要集中在冻土变化与工程稳定性和重大工程设计与施工等方面。冻土变化与工程稳定性，主要研究与重大工程有密切关系的多年冻土特征，包括多年冻土上限、冻土类型、多年冻土温度、不良地质现象等，并针对工程可行性研究、初步设计、详细设计和施工阶段以及运营阶段，开展区域尺度多年冻土空间分布及其影响因素研究。研究多年冻土变化与工程稳定性的关系，强调气候变化和工程影响下冻土变化及其对工程稳定性的影响。特别是重点开展工程运营阶段工程下部多年冻土变化的长期监测，分析多年冻土对气候变化和工程影响的响应特征，定量评价工程稳定性及其与气候和工程影响下多年冻土的变化特征之间的关系。然而，在定量区分气候变化和工程作用对多年冻土变化的贡献方面仍存在着瓶颈问题，导致考虑气候变化的重大工程设计面临困难。重大工程设计与施工方面主要研究不同工程构筑物类型的设计、施工原则及特殊技术措施的设计和施工方法。与冰冻圈灾害有关的重大工程设计主要考虑 50 年和 100 年设防标准与原则，如公路、铁路、桥梁对冰川消融洪水等的设防标准。冻土工程则根据不同工程构筑物类型采取不同的设计原则，如青藏铁路冻土工程，提出了冷却路基、降低多年冻土的设计思路和动态设计原则，还提出了调控热的传导、对流和辐射的冷却路基技术，从根本上解决了高温高含冰量冻土路基稳定性的核心技术问题。这一创新思路为适应气候变化的工程建设提供了重要支撑，祁连山多年冻土区柴木铁路、共玉高等级公路、青藏直流联网工程和青藏公路整治工程等都将这一思路运用到工程设计中。近年来，哈大高速铁路季节冻土的微冻胀机理和防治技术研究为后续季节冻土区高铁建设提供了典范。

3.4　河湖冰对工程的影响

3.4.1　河湖冰特征及变化

中国30° N以北的江河普遍存在着冰凌。河流冰凌的演变规律取决于当地的气候条件、河流水量、河床地形特性及水动力特性。特别是从南向北流动的河段，冰坝现象十分突出，如黑龙江上游河段、松花江依兰以下河段、嫩江上游河段、黄河的宁蒙河段及黄河下游的山东河段等。水库工程建设引起了上、下游河流冰情的变化。同时，枢纽本身也涉及许多冰工程问题。在进行工程设计时，河流冰情的变化趋势如何，能否消除或承受由此产生的不利影响，取决于能否正确地了解冰情规律和冰情过程的发展特点。这些问题包括库尾冰塞、冰坝的壅水以及由此带来的淹没问题、坝下不封冻距离以及冰对结构物的影响等。目前，黄河的水库工程对冰凌灾害通过人工调水起到了调节作用。在全球气候变暖的前提下，中国河湖冰变化对工程的影响研究成果较少。

3.4.2　河湖冰与工程的相互作用

河湖（水库）冰是在气候条件、河流边界条件、河流水量等热力和动力相互作用过程中产生的一种复杂自然现象。与改变和改造自然过程有关的各种经济活动都可能会使冰情规律向着人们所不希望的方向发展，而且会导致不良的后果。因此，在解决许多与水利工程在冬季的建设和运行有关的工程问题时，必须考虑河流冰情变化的可能性和特性。鉴于河流冰情的复杂性，目前对冰情演变规律的认识还比较肤浅，在回答工程设计所面临的问题时，还不能得到较满意的结果。例如，在寒冷地区建设水库，其库尾均存在着冰塞、冰坝的壅水淹没问题，从南流向北的河流，也普遍存在着冰塞、冰坝的壅水淹没问题。冰凌引起的工程灾害还包括冰对建筑物的冻胀破坏、对金属结构的磨损影响等。在冰情灾害防治方面，中国积累了一批经验，也取得了很大的效益。整体而言，目前中国的防凌主要依靠的是经验，依靠理论指导的措施还需要大量的研究。

3.5　海冰对工程的影响

3.5.1　海冰特征及其变化

1. 渤海海冰的基本特征

渤海是我国面积最小、平均水深最浅、纬度最北的冬季出现海冰的海区。与位于相近纬度的其他海区相比，渤海海冰冰情较为严重，是北半球结冰的最南端。但是，由于渤海海峡与黄海相连，黄海暖流的余脉可以进入渤海并且影响渤海海冰的地理分布，所以在渤海热力和动力诸多因素的影响下，冰情具有以下四个主要特征。

（1）海冰厚度的递增性：海冰首先是在沿岸因低气温冻结而成，气温是平整冰生成的前提。之后，由于与潮流周期一致的海水水平热流的影响，每一次潮流都可能使冰层底部有一层薄冰冻结。整个冰层是在若干个潮流周期中形成的，冰层底部有许多由不同含量气泡组成的分层。潮沟冻结的平整冰的冰内纹理分明。有的冰厚可达 60 cm，生长周期多达 10～20 个。海冰组构的 CT 扫描图像清晰地反映出这一点。海冰厚度递增性还来自海冰的重叠和堆积。调查结果表明，尼罗冰容易重叠，有的重叠 9 层，每层厚度 5～6 cm。一般来讲，随着平整冰厚度的增加，重叠的层次减少。在海上很少见到厚度 20 cm 的平整冰多层重叠。

（2）海冰类型的多样性：由于渤海风、潮流和波浪对海冰的贡献，海上多为海洋环境动力作用造成的流冰、重叠冰、堆积冰和冰脊。从固定冰边缘线上断裂之后的冰变成的流冰在海面上自由漂荡。这些碎冰经过冻结、破碎再冻结形成表面粗糙、内部结构混乱、大范围粗糙冰区中夹杂大小不等的各类海冰。重叠冰在海上到处可见，一般是 10 cm 以下尼罗冰重叠。堆积冰往往出现在沿岸，在堆积区内各种冰杂乱地堆积着，有时形成直立的冰壁，高达 2 m 左右。堆积冰的显著特征是冰的厚度大，但都破碎成 20 m^2 以下的冰块。在堆积区内往往还会形成高大的孤立冰丘，最大高度可达 3m 以上。

（3）海冰的流动性：海冰的流动性是其最显著的特点。由于潮流的作用，海冰有流动的动力。如果再遇到顺潮流大风，海冰就会加快运动速度，也能堆积和扩散。在鲅鱼圈附近的破冰船漂移试验曾表明，海冰在 24 h 内可以往复流动 15 km。

（4）海冰的泥沙含量：多次调查发现，辽东湾海冰中含有大量的泥沙，不但破碎冰含有泥沙，而且冰块底面冻结有泥沙块，在冰表面遗留有融化冰中所含有的泥沙，厚度可达 0.5～1 cm。类似现象在国外文献也有报道，将其归因于浅水区的波浪效应。

2. 北冰洋海冰的基本特征

北冰洋是世界大洋中面积最小的一个，它的海岸线十分曲折，形成了许多浅而宽的边缘海及海湾。在亚洲大陆沿岸的边缘海有巴伦支海、喀拉海、拉普捷夫海、东西伯利亚海以及楚科奇海。北美洲沿岸有波弗特海、格陵兰海。流入北冰洋的主要河流有鄂毕河、叶尼塞河、勒拿河及马更些河和育空河。北冰洋周围的各边缘海有数不清的冰山，其高度虽比不上南极的冰山，但外形奇异。冰山顺着海流漂移，有的从北极海域一直漂到北大西洋。由于洋流的运动，北冰洋表面的海冰也总在不停地漂移、裂解与融化。

北冰洋海冰具有明显的季节性变化特征，最大海冰覆盖面积出现在 3 月，这时太平洋一侧的海冰外缘线到达白令海，大西洋一侧海冰外缘线到达戴维斯（Davis）海峡以南；5 月冰外缘区附近开始出现明显的融冰现象，首先融冰的海区为白令海、楚科奇海、阿蒙森湾、哈得孙海峡北部、巴芬湾东南部和帕里水道东部。融冰过程持续到 9 月，海冰

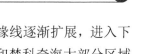

覆盖面积减至最少；10 月随着气温降低，海冰又开始增加，冰外缘线逐渐扩展，进入下一个结冰过程。在多年平均状态下，9 月在太平洋一侧，白令海和楚科奇海大部分区域已无冰；波弗特海南部也基本上无冰或具有很低的海冰密集度；大西洋一侧的巴芬湾已没有海冰覆盖。

3. 南大洋海冰的基本特征

南大洋海冰范围呈明显的季节变化。海冰范围的最小值和最大值分别出现在 2 月（夏季）和 9 月（冬季）。近年来，南大洋海冰范围呈现小幅度增加的趋势。南大洋海冰变化并非同步增加，1979～2013 年，南大洋海冰范围整体呈增加趋势，增加的大部分发生在罗斯海域，而别林斯高晋 / 阿蒙森海域像北极一样，海冰范围减少。但冰工程关心的海冰厚度还没有准确的成果反映是增加还是减薄。来自中国南极长城站和中山站观测记录的海冰特征如下。

长城站海冰特征：长城湾冰情受动力作用影响较大。因此，其冰情稳定性差，外围海域海冰极不稳定，受气旋过境引起的大风影响，冬季有冰和无冰交替出现。西北大风将湾内及湾外流冰吹走，且伴随迅速升温使海冰融化；而 E-SE 大风将外海流冰吹来，伴随剧烈降温，流冰快速冻结。7 月、8 月平均冰厚分别为 58 cm 和 69 cm，空间差异较大（标准差 10 cm），海冰质地较软；9 月、10 月冰厚分布比较均匀，平均冰厚分别为 83 cm 和 94 cm，海冰质地较硬，空间差异较小；10 月观测到的最大冰厚达 99 cm。

中山站海冰特征：据资料报道，2015 年 3 月下旬中山站附近固定冰完全覆盖沿岸海面，相比长城站偏晚。这是因为中山站附近的固定冰生长主要受热力学的影响，2014 年12 月～2015 年 2 月气温都偏高，偏高的气温推迟了海冰冻结时间。对比 2010～2015 年海冰厚度变化的时间序列发现，近 6 年中山站沿岸固定冰最大厚度出现在 2011 年，达到186 cm，2015 年最大值为近几年来最小，只有 144 cm，两者相差 42 cm。2015 年海冰厚度跟以往同期相比明显偏小，其原因首先是海冰冻结的时间偏晚，其次是 2015 年海冰表面的积雪厚度明显偏大，对海冰有隔热的作用。同时可以发现，中山站沿岸固定冰最大厚度随着时间变化有减小的趋势。从 2012～2015 年的数据看，4 月中上旬至 9 月海冰生长迅速，10 月生长缓慢，11 月基本停止生长，11 月下旬海冰已经开始消融。

3.5.2 海冰与工程的相互作用

尽管北冰洋是世界上面积最小、最浅和最冷的大洋，但却有着极其重要的战略意义。就海上运输来说，北冰洋航线是俄罗斯欧洲部分与远东地区联系的捷径，从摩尔曼斯克到符拉迪沃斯托克之间的航距比绕道苏伊士运河要近 13700 km，比绕经好望角要缩短20000 km。北冰洋在航运上的最大缺点是通航期短暂，除巴伦支海南部全年不冻外，俄罗斯、美国和加拿大北部沿海一年仅有 50% 或 1/3 的时间能够通航。即使在短暂的通航期内，也必须靠破冰船开道，而且运载能力有限，船舶吨位为 4000～5000t。

中国在极地的冰工程缺乏实践经验，但在渤海海冰工程方面涉及诸多行业。渤海海冰对海洋相关产业的影响主要有以下几个方面 （刘雪琴，2018）。

（1）海洋交通运输业：海冰灾害导致沿海港口、海湾航道等被封冻，船只无法出港，航行受阻，甚至随冰流漂走，造成巨额损失。尤其是冰情急剧变化时期，海冰对冰区航行船会造成毁灭性打击，造成船舶滞留或船体损伤，甚至船毁人亡的灾难性后果。例如，环渤海地区的港口封冻会严重影响中国北油南下、北煤南运等国家战略性工程以及北方贸易的往来。

（2）海洋油气业：海冰灾害的发生会导致海上石油平台无法正常开展，甚至部分钻井平台直接被海冰推倒，使海洋油气生产作业受到一定影响。目前，渤海海域石油平台主要集中在辽东湾、渤海湾中西部海域，如图 3.3 所示。我国冰区分布的海上石油平台在冬季的安全运行受到海冰的巨大威胁。历史上曾发生过"渤海 2 号"等石油平台被海冰推倒的灾难性事故，也发生过冰振损毁石油平台油气管线致使天然气泄漏的重大事故。

图 3.3　海冰围绕的石油平台

（3）海洋电力业：海洋电力业保持良好的发展势头，滨海核电和海上风电项目稳步推进。在有冰海域，海冰是海洋电力业的主要致险要素。2021 年 11 月，在冰情严重的渤海已经运行的滨海核电站有辽宁红沿河核电站，另外正在建设的辽宁徐大堡核电站也处于冰情严重渤海冰区。这两个核电站设计安全等级高，不存在取水结构物抗冰能力低的问题，但是海冰堵塞取水口会影响取水效率，严重情况下可造成核电站停堆等重大安全事故。这被普遍认为是冰区核电冬季运行期间的重大威胁。

（4）海洋工程建筑业：海洋工程建筑业包括在海上、海底和海岸所进行的用于海洋生产、交通、娱乐、防护等的建筑工程施工及其准备活动，也包括海港建筑、滨海电站建筑、海岸堤坝建筑、海洋隧道桥梁建筑、海上油气田陆地终端及处理设施建造、海底线路管道和设备安装，但不包括各部门、各地区的房屋建筑及房屋装修工程。一方面，海冰会导致建设中的海上建筑建设进程受阻；另一方面，海冰产生的挤压力、撞击力等会严重损坏海上结构物或设施，造成巨大损失。图 3.4 为渤海辽东湾辽河油田近岸护坡冰爬坡进入人工岛的现象和冰推导致海滩进口保护桩倾斜的现象（Kong et al., 2019）。

图 3.4 渤海辽东湾辽河油田近岸结构物被海冰影响的现象

思 考 题

1. 南北极海冰面积的变化差异是否能够影响到同类工程问题的技术差异？并阐述其中的原因。

2. 高海拔冻土和高纬度冻土的差异及其对工程的影响。

3. 积雪和冰川对工程的影响。

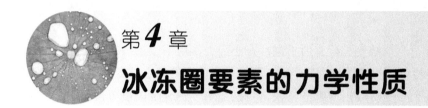

第4章
冰冻圈要素的力学性质

本章主要从冰冻圈各要素视角，阐述了冰冻圈各要素的力学性质，特别从冰冻圈工程学角度，分析冰冻圈各要素力学性质对工程的影响。从一般性原理上认识冰冻圈各要素与工程的相互作用关系。

4.1 冰、雪力学性质

冰、雪力学性质是冰冻圈工程学的基础，但由于冰川和积雪不作为工程承载的地质体，其力学性质对灾害形成有影响。因此，本节总结了冰、雪的基本力学性质，简要说明其对工程的影响，较为详细地阐述了其力学性质对灾害形成的影响，然后间接地引申到工程中。

4.1.1 冰的力学性质

冰的力学性质与冰内所含杂质有很大关系，针对不同类型冰体有专门的分支学科进行实验研究，如海冰和河冰等冰体的力学性质研究。冰的脆性对海冰、河冰和冰工程都非常重要。对于纯冰来说，实验研究给出了表征弹性特征的杨氏模量、刚度模量、泊松比和体积模量，它们分别为 $8.3 \times 10^3 \sim 9.9 \times 10^3$ MPa、$3.4 \times 10^3 \sim 3.8 \times 10^3$ MPa、$0.31 \sim 0.37$ 和 $8.7 \times 10^3 \sim 1.13 \times 10^4$ MPa （其中刚度模量和体积模量多为推算得出）（Peter, 1974）。除了具有脆性和弹性以外，冰的塑性变形和蠕变在冰川运动和动力学中是最为主要的。大量的实验研究表明，冰在应力作用下，应变与应力之间随时间在不同阶段具有不同的关系。

（1）弹性应变：弹性应变在应力作用最初瞬时出现，也叫瞬时弹性应变，服从胡克定律，即应变与应力呈线性正比例关系，其系数为弹性模量的倒数。

（2）滞弹性应变：在应力卸载后其变形基本上可以逐渐得以恢复，但又具有一定的蠕变率，因而又叫第一蠕变、瞬时蠕变、可恢复蠕变或伪弹性应变。

（3）第二蠕变应变：应力作用适当时间后，冰的蠕变变形随时间增加越来越小，亦即应变率不断减小，并趋于一恒定的最小值，称为第二蠕变。

（4）第三蠕变应变：经过了最小应变率后，冰的蠕变变形进入应变率不断增加阶段，被称为第三蠕变。如果实验持续时间足够长，第三蠕变后期应变率会达到一个恒定不变值。

在不同应力条件下三个蠕变过程有所不同：在小应力作用下，第二蠕变阶段持续时间非常长，要保持实验条件长时间（达几个月）严格不变以观测第三蠕变的出现比较难；在大应力作用下，各个蠕变阶段出现都非常快，特别是第一蠕变阶段很短暂。因此，主要结论基本上都来自于应力大小较为适中的实验研究。

由于冰的变形中绝大部分为蠕变变形，其实验研究常被称作冰的蠕变实验，所获得的应变率与应力之间的关系被称作蠕变规律。冰的应变率与应力之间的关系在蠕变的各个阶段是不一样的。关于冰川冰变形的实验研究很多，不仅有专门的论文，还有专著全面的综述和讨论，如 *The Physics of Glaciers*（Cuffey and Paterson, 2010；Peter, 1974）。综合各种实验结果，冰的蠕变变形中应变率与应力之间的关系可表示为幂函数多项式，但其中最主要的项为

$$\varepsilon = A_0 \exp\left(-\frac{Q}{KT}\right)\tau n \tag{4.1}$$

式中，ε 为有效应变率；A_0 为依赖于冰晶组构、晶粒尺寸或杂质含量等因素的一个因子；Q 为活化能；K 为玻尔兹曼常数；T 为绝对温度；τ 为有效应力；n 为常数，多数实验得出的 n 值接近于 3。冰的蠕变变形具有黏性变形特征，在冰川运动中，由此引起的冰体运动有点类似于流体运动。所以，冰的蠕变规律又称为冰的流动定律。但是，冰的流动定律与黏性流体又明显不同，黏性流体的流动定律为线性关系。

冰川上的冰一般都含有杂质，其中固体杂质含量对冰的蠕变有较大影响。对含岩屑冰的研究表明，固体杂质有延缓冰蠕变过程的效应，其影响程度与岩屑含量、岩屑颗粒大小和岩屑成分的性质有关。

4.1.2 积雪的力学性质

季节性积雪的力学性质研究的主要目的是应用于雪崩的释放和雪崩的控制，但也应用于一些其他的问题，如运载工具在雪上的运动、雪的清除、雪上建筑等。这项研究工作主要需要：①本构方程，即应力张量同运动之间的关系；②断裂判据，它限制本构方程的有效范围。二者都可以根据连续统理论和结构理论的观点得到。借助现代连续统理论，可以研究雪的非线性特性和对应力及应变历史的强烈依赖关系。当引进热力学量时，可以更深入地了解变形和断裂过程。大的初始变形率可引起小的耗散、弹性行为和脆性断裂，而当耗散机制可以发展时，会发生塑性断裂。结构理论的优点在于可从物理上直接深入了解变形机制，其缺点则是只能考虑宏观地作用于雪样上的简单应力状态。应用

结构本构方程来计算雪的应力波，所记录的声发射指出了晶粒间键的断裂，这些声发射可用来构造结构本构方程。结构破坏理论以串联的微元来模拟脆性断裂，其中最弱的链环引起整个物体的断裂，而并联的微元模拟塑性断裂，其中一个微元的断裂仅导致应力的重新分布，并且仅在载荷增加到充分大之后才导致整个物体破坏。在这种方法中，链环强度的统计分布起着重要的作用。湿雪（含液态水的雪）的力学性质同干雪的力学性质有相当大的差别。干雪的变形受冰粒和键的（缓慢的）蠕变和滑动所支配，湿雪的增密主要由冰粒受压接触时（迅速的）融化所引起。

4.2　冻土力学性质

广义的冻土力学性质可以分为冻融作用和已冻土的力学性质两大部分，前者又涉及冻胀、融沉和冻融作用对冻土力学性质的改变，而后者则主要是已冻土的强度、应力-应变关系和动力特性等。

4.2.1　冻土强度

冻土强度是指冻土抵抗断裂和过度变形的力学性能，主要为抗压强度。而冻土由于变形过大而丧失对外的抵抗能力称为破坏，破坏时的应力称为破坏强度。

1. 冻土强度与破坏

冻土作为特殊土的最大特征在于含有冰，或粒状冰，或层状、块状冰。由于冻土中的冰受温度、压力和作用时间及其自身特性的影响，所以冻土力学性质具有不稳定性。温度影响着冻土中冰-未冻水的动态平衡，载荷压力改变着冻土结冰的冰点，载荷作用使冻土出现松弛和蠕变变形，其核心都是影响着冻土中的冰-未冻水的变化，也即改变了冻土中冰的胶结力及其含量、特性，进而影响着冻土的力学性质。冻土中的冰不但起着胶结土颗粒的重要作用，而且自身在冻结过程中水分的凝聚、迁移作用形成冰包裹体，构成冻土抵抗外力作用的特殊性。当含冰量较少时（即少冰冻土），冰不能将全部的矿物颗粒牢固地胶结成坚硬整体，所以强度比未冻土略高。多冰、富冰冻土强度最大，主要由于含冰量较大，充分发挥了冰的胶结作用。饱和冰冻土及含土冰层内除了含胶结冰之外，还含有大量的冰包裹体和纯冰，其强度明显降低，随着含冰量的增高，其力学性质逐渐向冰靠近。

大量试验表明，冻土强度受温度、压力、应变速率（或加荷速率）和土体性质等因素的影响（图 4.1）（吴紫汪和马巍，1994）。随着温度降低，冻土中未冻水逐渐转化为冰，冰胶结作用提高了土的黏聚力，从而使冻土的强度增加；随着冻土上荷载作用历时的延长，冻土中冰，特别是土体矿物颗粒接触点处的冰点降低、未冻水量增大而具有流变性，导致冻土抵抗外力的能力降低，造成冻土的瞬时强度很大，长期强度很小；随着应变速率或加荷速率的增大，冻土强度也逐渐增大，也出现从塑性破坏到脆性破坏。

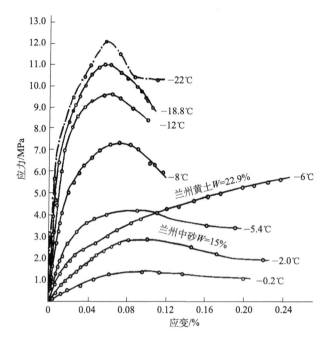

图 4.1　不同土温下冻土应力-应变曲线（破坏时间 3min）（吴紫汪和马巍，1994）

从冻土的应力-应变曲线特征可以看出，冻土破坏形式一般可分为两种，塑性破坏和脆性破坏（图 4.1）。塑性破坏是指在外力作用下产生的变形量超过其最大弹性变形量后，材料将不能恢复到原样，而会保留一定的变形量，在应力-应变曲线中无明显的转折点；脆性破坏指受力后无显著变形而突然发生的破坏，具有明显的应力峰值。冻土破坏形式的主要影响因素如下。

土颗粒成分：一般来说，粗颗粒冻土多呈脆性破坏，黏性冻土多呈塑性破坏。相同条件下，脆性破坏的峰值强度较高。

土温：土温低多呈脆性破坏，土温高多呈塑性破坏。土温越低，冻土强度越大。

冻土含水率：对于典型冻土来说，随着冻土含水率的增加，冻土强度随之增大（图4.2），通常将会由脆性破坏过渡到塑性破坏，但当含水率进一步增加时，将会由塑性破坏过渡到脆性破坏，因冰层多呈脆性破坏。

应变速率：应变速率大，多呈脆性破坏，反之，则呈塑性破坏（图 4.2）。

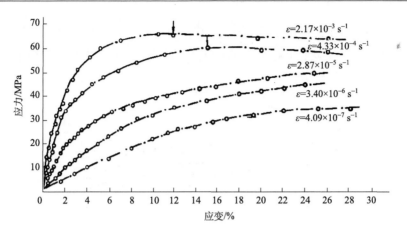

图 4.2　冻土在不同应变速率下的应力–应变曲线（吴紫汪和马巍，1994）

土温为–15℃，含水率为 15%，ε 为应变速率

2. 冻土弹性模量与压缩模量

冻土在负温下的变形通常可分为瞬时变形、长期变形和破坏变形。第一种变形中，弹性变形具有重要的实际意义，其大小对冻土动荷载下（冲击、爆炸、地震波、振动等）的工作有着重大的影响。

冻土不是一种弹性体，它的弹性性能极差。在同一应力水平下，冻土的变形量随着土温降低而减小，在高于–5℃的土温情况下，弹性变形只占总变形量的 10%～25%，在较低的土温情况下，也只有 50%～60%（图 4.3）。可以看出，冻土的含水率对弹性变形的影响很大，细颗粒土含水率小于塑性含水率时，弹性变形所占比例随冻土含水率的增大而增加。冻土的弹性变形取决于矿物颗粒及冰的结晶晶格的纯可逆变化、未冻水薄膜的弹性及存在于冻土中数量不等的封闭气泡的弹性。

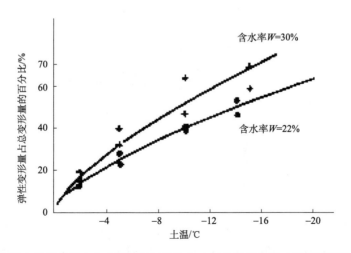

图 4.3　淮南黏土弹性变形占总变形量的百分比与土温的关系曲线（吴紫汪和马巍，1994）

试验表明，冻结砂土的弹性模量最大，冻结黏土最小，冻结粉质黏土介于两者之间。弹性模量（E）不仅与土质、土温和含水率有关，而且与应力的大小也密切相关（图4.4）。

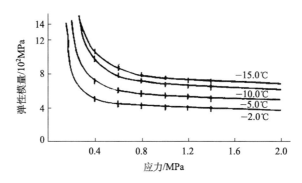

图4.4　不同土温下黏土弹性模量与应力的关系（吴紫汪和马巍，1994）

由此可见，外压力越小，负温对冻土弹性模量的影响越大，即负温与外压力对冻土弹性模量的影响有着相反的作用。

土温是影响冻土压缩变形的重要因素，随着土温降低，土中未冻水含量减少，固体颗粒间的胶结力增强。土温为–5℃时，黏性土的变形以压密为主，其所占比例较小，变形过程线与应力关系近似于线性；在–10℃以下，冻土变形以蠕变变形为主。

由图4.5可见，土温为–2℃和–5℃时，黏土的压缩模量随应力增加而增大；当土温在–10℃以下时，压缩模量随应力的增加而减小。砂土仅在土温为–2℃时，压缩模量随应力增加而增大，土温在–5℃以下时，则随应力增加而减小。

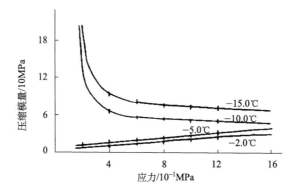

图4.5　不同土温下淮南黏土压缩模量与应力的关系（吴紫汪和马巍，1994）

3. 长期强度

冻土在正应力作用下具有两个特别重要意义的强度值：瞬时（接近于最大值）强度，通常采用极限强度或短时强度表示；长期强度的极限值，即该阻力下变形一直具有衰减特征，但尚未过渡到渐进流破坏。

冻土的极限抗压强度，即使在不是最大的加荷速度下也是极高的，可达几到几十兆帕。有资料表明，加荷速度达 50～90 MPa/min，土温在–40℃情况下，冻结砂的抗压强度达 15.4 MPa 以上，而冻结黏土可达 75 MPa。可见，冻土具有很强的抵抗短时荷载作用的能力。

显然，土体的负温是控制冻土极限抗压强度的主要因素。不论是粗颗粒冻土还是细颗粒冻土，它们的抗压强度均随土温的降低而增大（图 4.6）。应该指出，在剧烈相变区（砂土为–1～0℃，黏土为–5～–0.5℃），随着负温降低，冻土抗压强度增加最为剧烈，且孔隙水冻结最快，而在更低的负温下，抗压强度仍增加，且增加的速度以更复杂的规律变化，这就不能再用冻土中含冰量的增加进行解释（崔托维奇，1985）。

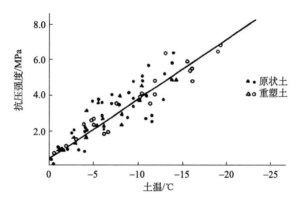

图 4.6　低含水率冻结黏土抗压强度与土温的关系曲线（吴紫汪和马巍，1994）

土的类型是冻土抗压强度的重要影响因素。对于黏性土，塑性指数是制约强度值的因素，其抗压强度随塑性指数增大而减小，且随着土体干密度增大而增大。当土体含水率低于完全饱和程度时，冻土抗压强度随着冻土总含水率的增加而增大，超过饱和含水率后强度反而减低，最终趋于冰的极限抗压强度（图 4.7）。

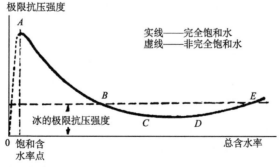

图 4.7　冻土极限抗压强度与总含水率的一般特征（崔托维奇，1985）

冻土的长期抗压强度比瞬时抗压强度小得多，有时小 80%～90%。例如，含水率为 19.3%的冻土砂土的瞬时抗压强度为 7.5 MPa，而长期抗压强度仅为 0.65 MPa；含水率为

31.8%的冻土粉质黏土的瞬时抗压强度达 3.5 MPa，而长期抗压强度仅为 0.36 MPa。

4. 抗剪强度（包括残余强度）

冻土的抗剪强度表示冻土在某一点具有足够的抵抗剪切的能力，即反映冻土的联结力，特别是冰的胶结力。在正应力不太高的情况下（小于 10 MPa），仍采用非冻土的库仑定律来表示冻土的抗剪强度。

大量的试验资料表明，冻土在平面剪切下的极限（破坏）强度与正应力有关（图 4.8），其不仅受黏聚力的制约，而且受内摩擦力的制约。影响冻土抗剪强度的因素主要有以下三个。

（1）土体颗粒成分的影响：虽然砂土和黏土都可用库仑公式表示，但粗颗粒土的抗剪强度要比细颗粒土高。在相同土温（–9.0～–8.0℃）条件下，冻结细砂的黏聚力为 1.57 MPa，内摩擦角为 24°，而中液限冻结黏性土分别为 1.27MPa 和 22°。

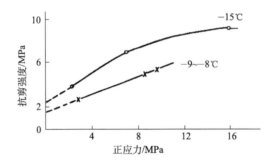

图 4.8　在不同土温下淮南原状冻结细砂的抗剪强度（吴紫汪和马巍，1994）

（2）土温的影响：由图 4.8 可见，冻结细砂的抗剪强度随着土温的降低而增大，即黏聚力（c）和内摩擦角（φ）随土温（θ）的降低而增强，即

$$c = c_{0}\left|\theta\right|^{n} \qquad\qquad \varphi = \alpha + k\left|\theta\right| \qquad\qquad (4.2)$$

式中，n、α、k 为试验系数；c_0 为试验常数。

当土温接近于 0℃时，冻土的内摩擦角实际上是非冻土的内摩擦角，而黏聚力则比非冻土大得多。

（3）荷载作用时间：在荷载长期作用下，冻土的抗剪强度降低特别大，据资料统计（崔托维奇,1985），土温为–2.0℃，含水率为 33%的网状构造冻结黏性土的瞬时抗剪强度为 1.37 MPa，而其长期抗剪强度仅为 0.11 MPa。冻土抗剪强度的下降主要是由黏聚力减小所致。黏聚力急剧衰减是在加荷 4h 以内，24h 以后衰减则很缓慢。一般情况下，$C_{长期}/C_{瞬时}$=1/6～1/3。内摩擦角的降低很小。

图 4.9（a）是在同一种冻土（含水率为 33%）、土温为–1.0℃条件下的试验结果，直线 1 表示不同正压力（P）快速加载的抗剪强度，直线 2 表示荷载长期作用下的极限抗剪强度。图 4.9（b）表示该黏土黏聚力随时间变化而松弛。由图 4.9 可以看出，冻结黏

土的内摩擦角从 14°（快剪）降到 4°（长期剪切），而黏聚力则从 0.52 MPa（快剪）降到 0.09 MPa（长期剪切）。

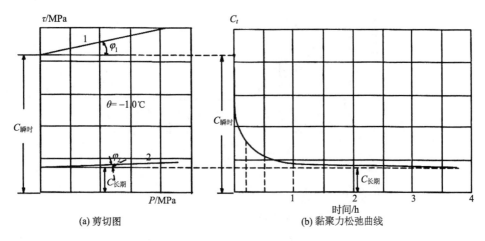

(a) 剪切图   (b) 黏聚力松弛曲线

图 4.9　冻土抗剪强度与荷载作用时间的关系图（崔托维奇，1985）

τ 表示抗剪强度；φ_1，φ_2 表示内摩擦角；θ 表示土温；$C_{瞬时}$ 表示瞬时黏聚力；C_t 表示黏聚力；$C_{长期}$ 表示长期黏聚力；P 表示正压力

应该指出，当正压力变化范围很大时，冻土的抗剪强度与压力的关系就不是线性关系，必须将剪切图考虑成不同极限应力图的包络线（图 4.10）。试验数据可近似地看成某一非线性函数或分段将包络线看成是直线，否则应考虑极限切应力强度（它相应于渐进流的出现）与平均法向应力的关系。因此，冻土的黏聚力在大多数情况下决定着其强度数值。这些冻土的抗剪强度是指试验时的峰值强度，如果在峰值后继续测量应力应变，则得到剪应力值随着应变的发展逐渐降低，最终趋于一个稳定值。此时的强度就是冻土的残余强度（图 4.11），这是黏聚力的松弛过程，其值却略小于长期黏聚力，可看成是冻土的长期黏聚力。

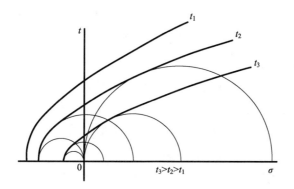

图 4.10　冻土抗剪强度与外荷及荷载作用时间的关系

t 表示荷载作用时间；t_1、t_2、t_3 表示不同的时刻；σ 表示应力（MPa）

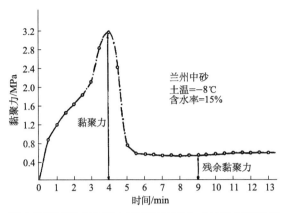

图 4.11　冻土抗剪试验中黏聚力随时间的变化（吴紫汪和马巍，1994）

影响冻土残余强度的主要因素如下。

（1）土温：残余黏聚力随土温降低而增大。

（2）水分：残余黏聚力随冻土含水率增大而增大，当含水率超过某一极限值后，残余黏聚力随含水率增加而减小。

（3）颗粒成分：一般是砂土残余黏聚力最大，黏性土较小。

4.2.2　冻土变形

1. 冻土变形

冻土不是不可压缩体，土温很低的冻土才不可压缩。在外荷载作用下，冻土的压缩变形会随着外荷载大小及作用时间而发展，即使在很小的荷载作用下，高温冻土仍具有不可忽视的压密变形，主要原因是冻土构造单元发生位移及未冻水和孔隙冰间的动态平衡遭到破坏。在这一过程中，荷载作用使冻土中未冻水发生迁移，颗粒间的冰融化，造成冻土孔隙减小，这部分压密变形不超过总变形的 1/3，其余变形则是冻土内部固体颗粒在压力作用下产生从高应力区向低应力区的相互错动的不可逆的剪切位移所控制的衰减变形。初始阶段，应力重新分布致使冻土体变形很快，随着作用时间延长，变形逐渐变缓，最终达到相对稳定。

一般情况下，冻土在恒定负温下的压缩曲线可分为三个基本段（图 4.12）：

aa_1 段相应于压缩曲线上的第一个极大值，它表征冻土压缩时的弹性变形和结构可逆变形，该时间段变形速度很大，实际上可以认为是瞬时的。至 a_1 相应的压力接近于冻土的结构强度，只有超过次压力后才会开始压密，在这个应力下（50～100 kPa），结构可逆变形占总变形的 100%。a_1a_2 段表征冻土压密时的结构不可逆变形，它占总变形的70%～90%，这是由土颗粒集合体的不可逆剪切所引起的。a_2a_3 段表征冻土的强化，它主要由冻土颗粒间的距离缩短时颗粒间分子联结增强所致，在一般中等应力下是不常出现的。

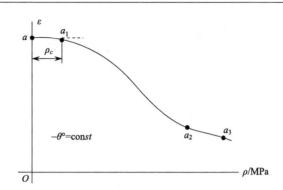

图 4.12　冻土的压缩曲线

ε 表示孔隙比；θ 表示土温；ρ 表示压力；ρ_c 表示冻土结构强度时的压力；

$-\theta° = \mathrm{const}$ 表示土温为恒定负温

由此可以看出，在冻土的长期极限强度范围内，恒荷载下的变形由三部分组成，即瞬时变形、非稳定变形和衰减变形。瞬时变形量一般很小，与整体稳定变形量相比可忽略不计。非稳定变形和衰减变形是整个变形的主要组成部分，它们的比值随应力增大而减小。

在长期强度极限范围内，蠕变变形量和蠕变稳定时间均受土温和水分的制约，一般的规律是土温低时，蠕变变形量小，稳定时间快，而含冰（水）量大时，蠕变变形量大，稳定时间长。

2. 冻土蠕变与蠕变强度

由于冻土中赋存冰包裹体（胶结冰和层状冰），冰的胶结作用成为冻土的重要联结作用，它几乎制约了冻土的强度与变形性质。因此，任何数值的荷载都将导致冰的塑性流动和冰晶的重新定向，都会发生不可逆的结构再造作用，导致很小的荷载下出现应力松弛和蠕变变形。当应力小于长期强度极限值时，冻土变形随时间发展呈衰减蠕变。

在描述冻土变形的全过程时，其蠕变方程必须同时考虑应力大小、土温高低、应力作用时间长短以及冻土的自身性质，尤其是含冰率。冻土的蠕变可用式（4.3）或式（4.4）表示：

$$\varepsilon = \varepsilon_0 t^a \tag{4.3}$$

或

$$\frac{\mathrm{d}\varepsilon}{\mathrm{d}t} = \varepsilon_0 \alpha t^{a-1} \tag{4.4}$$

式中，ε 为蠕变变形量；ε_0 为初始变形；t 为蠕变时间；α 为试验系数，且 $\alpha < 1$；$\dfrac{\mathrm{d}\varepsilon}{\mathrm{d}t}$ 为任一时间的变形速率。

衰减蠕变的稳定时间仍取决于土温、含水率及应力。其条件是土体含水率

$(w) < w_\mathrm{p} + 35\%$ 时的应力小于长期强度极限值。尚未出现冻土非衰减变形（黏塑流）时的最大压力称为冻土的长期强度。它的确定精度不仅取决于荷载等级的大小，而且还取决于变形的测量精度。

图 4.13 分级加荷下的变形曲线是绘制在同一坐标系，并从原点出发的各级荷载下相对变形曲线。这样，曲线 1、2 表示衰减蠕变时的应变变化，其余曲线则表示非衰减蠕变时的应变变化。

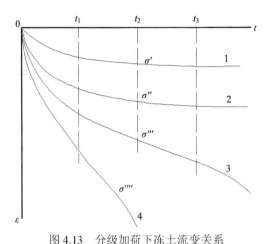

图 4.13　分级加荷下冻土流变关系

t_1、t_2、t_3 表示不同的时刻；σ'、σ''、σ'''、σ'''' 表示不同的应力；ε 表示应变

对实践有重要意义的冻土的衰减蠕变是在一定负温下，其应力不超过某个界限值，即冻土强度极限值，当超过该界限值时，则在某一应力值下出现随时间非衰减的不可逆结构变形——非衰减蠕变，再增大应力时就导致冻土的脆性破坏或塑性破坏（图 4.14）。

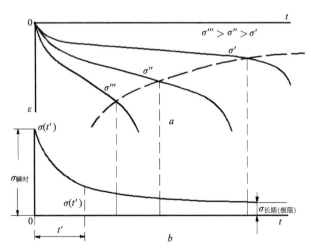

图 4.14　由非衰减蠕变曲线绘制的冻土长期强度

σ 表示应力；a 为非衰减蠕变曲线；b 为长期强度曲线；σ'、σ''、σ''' 与图 4.13 中的含义相同

当应力大于长期强度极限值时，蠕变将是非衰减的，而当应力小于长期强度极限值时，蠕变将是衰减的。因此，该应力为不出现渐进流的最大应力。

4.3 海冰工程力学性质

为了在冰工程结构物设计中能够更合理地预测作用于结构物上的最大荷载，在冰管理上能够保证结构物在冰区安全运营，需要理解冰与结构物作用时所产生的力、冰作用力和冰与结构物相互作用时的破坏方式。具体破坏方式由结构物特征、冰类型和冰运动速度等因子联合控制，即冰以挤压、压曲、弯曲、劈裂或它们的某种组合方式破坏，单一破坏方式在实际中非常少见。这些破坏方式主要涉及冰的压缩强度、弯曲强度、剪切强度等工程力学性质。

冰单轴压缩强度是评估冰与直立结构物作用力的关键参数，其影响因素包括应变速率、温度、冰晶体类型、粒径尺寸、加载方向以及试验设备刚度等。当冰样受到外力压缩时，首先冰是一种弹塑性材料，其压缩强度与应变速率有着密切的关系，随着应变速率的增加，冰强度增大；当应变速率增大到某一值后冰强度达到最大值；之后随应变速率继续增大，冰强度值反而缓慢降低，即随着应变速率的变化，冰的性质从韧性向脆性转变。

其次，冰压缩强度与冰温度有着密切的关系。冰温度越低，冰极限压缩强度越高。冰的晶体类型对其物理和力学性质的影响是由材料内部结构控制的，自然界中冰均由六方体晶格结构构成，但生长环境和气象条件的不同导致了冰不同的晶体结构。晶体结构参数主要包括冰晶体形态、冰晶体大小（粒径），以及冰晶 C 轴空间分布方位。其中，较为常见的是粒状冰和柱状冰。粒状冰由粒径大小相似的晶粒所组成，接近力学性质各向同性材料；柱状冰中典型的为 S2 型冰，该冰的 C 轴方向在水平面内随机分布，它在平行冰面加载方向表现为各向同性，但平行冰面和垂直冰面加载存在各向异性。

当单轴压缩每一冰试样时，均能够获得一条应力-应变曲线。相同试验温度、不同应变速率下得到的应力-应变曲线不同，这是冰特有的力学行为。图 4.15 给出–10℃情况下不同破坏形式对应的应力-应变曲线。曲线 A 反映冰的脆性破坏特征；曲线 B 反映韧脆过渡破坏特征；曲线 C 反映韧性破坏特征；曲线 D 反映蠕变破坏特征，其峰值在不出现拐点时取应变 0.20 时对应的应力。将图 4.15 每条曲线上发生拐点的极限应力定义为冰单轴压缩强度，结果发现，不同温度和不同位移速率试验条件下获得的单轴压缩强度不同。采用应变速率代替位移速率后，得到同一温度下单轴压缩强度同应变速率之间的关系，见图 4.16。图 4.16 体现的是冰单轴压缩强度特征，这一特征与渤海和极地海冰具有相似性，均表现出在低应变速率区内的韧性破坏特点（Ⅰ-韧性区）；高应变速率区内的脆性破坏特点（Ⅲ-脆性区）和两者之间的韧脆过渡破坏特点（Ⅱ-韧脆过渡区）（李志军等，2011）。

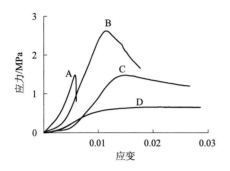
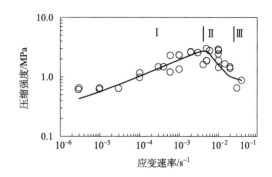

图 4.15　冰样在不同应变速率下表现的不同破　图 4.16　冰样（–10℃）单轴压缩强度与应变速率关系
坏形式所对应的应力–应变曲线（–10℃）　　　Ⅰ，韧性区；Ⅱ，韧脆过渡区；Ⅲ，脆性区

　　海冰工程总体方式是抗冰，加之流冰运动又随潮流而改变方向，因此冰区结构物与
冰的相对运动速度在相对静止与最大速度之间不断转换，由此引起结构物与冰相互作用
时，冰应变速率变化范围很宽，对应的冰强度变化也很大。这一点不同于基础与冻土的
作用形式，它需要冻土蠕变特性，而冰工程很少考虑蠕变。

　　不同试验温度下，峰值单轴压缩强度及其对应的应变速率值与脆性破坏的单轴压缩
强度及其对应的应变速率值均不同。抗冰结构物设计在极限荷载情形，选用图 4.16 的峰
值作为峰值单轴压缩强度（设计压缩强度）。该强度取决于冰温度、盐度、冰密度和工程
区环境条件。对于同一工程区，最简单设计使用峰值压缩强度与温度的关系，最复杂设
计使用峰值压缩强度与孔隙率（温度、盐度、密度的函数）的关系。海冰工程力学性质
指标包含设计压缩强度、设计弯曲强度、设计弹性模量和设计剪切强度。此外，冰与结
构物表面材料的冻结附着强度和摩擦系数也是工程中需要考虑的指标。

　　渤海辽东湾海冰的峰值单轴压缩强度、峰值弯曲强度、峰值剪切强度同孔隙率的试
验关系为（李志军等，2006）

$$\sigma_{\mathrm{cp,max}} = 14.625 \upsilon^{-0.369} \tag{4.5}$$

$$\sigma_{\mathrm{f,max}} = 1983.7 \upsilon^{-0.3621} \tag{4.6}$$

$$\tau_{\mathrm{max}} = 16470 \upsilon^{-0.6826} \tag{4.7}$$

$$E = 160000 \upsilon^{-0.9290} \tag{4.8}$$

式中，$\sigma_{\mathrm{cp,max}}$、$\sigma_{\mathrm{f,max}}$、τ_{max} 和 E 分别为海冰的峰值单轴压缩强度（MPa）、峰值弯曲强
度（kPa）、峰值剪切强度（kPa）和弹性模量（MPa）；υ 为冰样内孔隙率（‰）。统计关
系图见图 4.17～图 4.19。

　　垂直冰面方向加载的压缩强度高于平行冰面方向加载的压缩强度。但是海冰工程结
构物同海冰作用时以平行冰面加载方向为主。

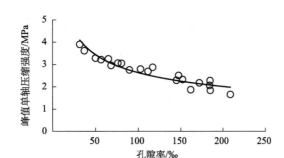

图 4.17　辽东湾峰值单轴压缩强度与孔隙率的统计关系

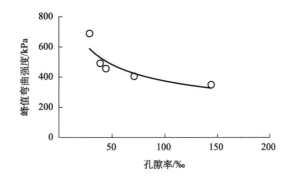

图 4.18　辽东湾峰值弯曲强度与孔隙率的统计关系

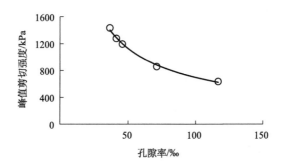

图 4.19　辽东湾峰值剪切强度与孔隙率的统计关系

4.4　河湖（水库）冰工程力学性质

与海冰工程的工程力学性质相似，河湖（水库）冰的力学性质，也是涉及冰自身的压缩强度、剪切强度、弯曲强度、弹性模量；冰块之间的摩擦系数；冰与结构物材料表面的冻结附着强度、摩擦系数。这些参数同样受到冰物理性质参数的控制，然而淡水冰不存在盐度，气泡含量较低，故简单使用峰值强度同温度的试验关系评估冰设计强度。由于黄河的大多数冰含有一定的泥沙，所以目前还没有建立起定量的试验关系。

根据乌梁素海淡水冰单轴压缩强度试验结果，得到冰峰值单轴压缩强度与温度的统

计。垂直冰面加载方向的为（李志军等，2018）

$$\sigma_{cv,max} = 1.7435\ln(|T|) + 1.9455 \qquad R = 0.9936 \qquad (4.9)$$

平行冰面加载方向的为

$$\sigma_{cp,max} = 0.8386\ln(|T|) + 0.9169 \qquad R = 0.9946 \qquad (4.10)$$

由于试验试样为柱状冰，垂直冰面方向加载时的强度要大于平行冰面方向加载时的强度，两者之比大约为 2.1，见图 4.20。

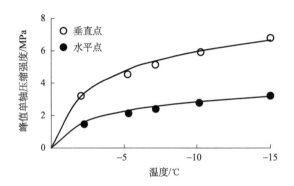

图 4.20　乌梁素海淡水冰峰值单轴压缩强度与温度的统计

大庆水库冰弯曲强度和弹性模量、剪切强度、冰与护坡材料的冻结强度和摩擦系数试验研究给出了它们随冰的温度、冰晶体类型、应变速率、加载方向，以及材料表面粗糙度等因素变化的过程（贾青，2012）。

采用三点弯曲法的粒状冰抗弯强度随应变速率变化的曲线走势基本相同（图 4.21）。温度越高，其峰值抗弯强度对应的应变速率越大，表现为冰的黏性性质越明显。而柱状冰弯曲强度在平行于冰面加载时，其极限弯曲强度要高于垂直于冰面加载极限弯曲强度，以上结果充分证实了柱状冰的各向异性。但它们同应变速率和温度的关系与粒状冰相似（图 4.22、图 4.23）。

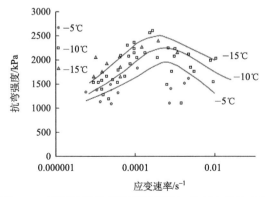

图 4.21　不同温度粒状冰抗弯强度与应变速率的关系

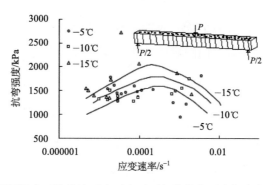

图 4.22　不同温度下柱状冰垂直于水平面加载抗弯强度与应变速率的关系

P 为集中载荷，$P/2$ 为分力，下同

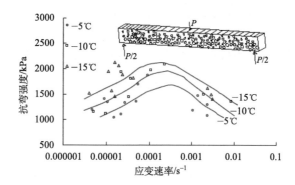

图 4.23　不同温度下柱状冰平行于水平面加载抗弯强度与应变速率的关系

图 4.24 给出了不同温度下粒状冰弹性模量与应变速率的关系曲线。图 4.25 给出了不同温度下柱状冰弹性模量与应变速率的关系曲线。

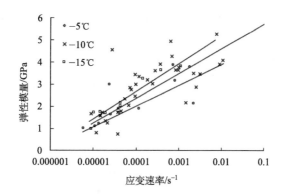

图 4.24　不同温度下粒状冰弹性模量与应变速率的关系

对于淡水冰的剪切强度而言，由于粒状冰的力学性质基本为各向同性，剪切的方向非常重要。粒状冰试样沿平行冰面以及垂直冰面方向加载，对应冰样分别标记为 GA 型和 GB 型，如图 4.26 所示。而柱状冰的力学性质为各向异性，试样沿三个方向加载，试

样分别标记为 CA 型、CB 型和 CC 型，见图 4.27。试样尺寸均为 9 cm×9 cm×10 cm，剪切面积为 81cm²。这五个加载方向的峰值剪切强度同温度的关系由图 4.28 给出（贾青等，2015）。

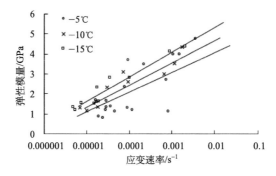

图 4.25　不同温度下柱状冰弹性模量与应变速率的关系

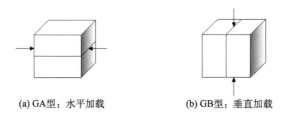

图 4.26　粒状冰剪切强度试验两种加载方向示意图

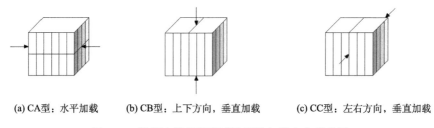

图 4.27　柱状冰剪切强度试验两种加载方向示意图

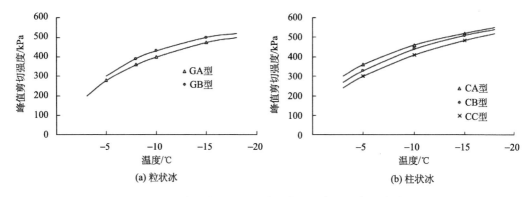

图 4.28　粒状冰和柱状冰峰值剪切强度与温度的关系

冰温对冻结强度的影响主要取决于两种材料表面之间的黏结作用力。当温度接近冰点时，这种结合力趋于 0。不同温度下冻结强度试验的结果表明，冰温度越低，结合力越大，冻结强度越大。对冰试样在 5 种温度 （–2℃、–4℃、–6℃、–8℃、–10℃）下进行试验，随着试验温度降低，峰值冻结强度随之增大，冰与麻面与光面混凝土表面的峰值冻结强度和温度的拟合曲线如图 4.29 所示（贾青，2012）。

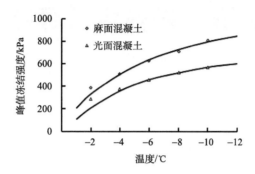

图 4.29　峰值冻结强度随温度的变化

　　淡水冰与混凝土、木板、冰表面的动摩擦系数试验结果如图 4.30 所示。

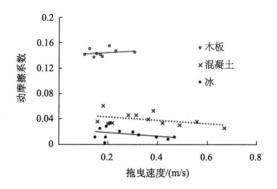

图 4.30　淡水冰与各结构物材料表面间的动摩擦系数

思　考　题

1. 简述控制冰工程的力学性质有哪些？控制冰力学行为的冰物理性质有哪些？
2. 概述冻土力学性质及其对工程的影响。
3. 试述冰和冻土的力学性质的差异及其相互关联。

第 **5** 章
冰冻圈工程安全保障技术

本章主要从冰冻圈工程的安全保障技术角度，介绍冰冻圈诸要素，如冰川、积雪、冻土、河湖（水库）冰和海冰灾害的形成、特点和防治原则，重点阐述灾害防治技术及工程保障技术。

5.1 冰川、积雪灾害防治技术

5.1.1 冰川、积雪灾害形成及特点

与雪、冰和冰川有关的灾害通常不太引人注目，但是冰雪灾害地区累计的损失代价却相当大。随着气候变暖，我国西部山地的冰川洪水和冰川泥石流灾害将随着冰川融水径流的增加而增多，还可能形成若干新的灾害点。近年来，我国的冰雪灾害发生的频率呈显著增加趋势，影响范围也逐渐扩大。在我国北方许多地区，冬、春季道路风吹雪的危害相当严重，经常发生阻车、交通中断。防患于未然，在道路修建之前，应深入调查当地冬、春季的积雪状况、风速、风向以及地形等因素。根据风吹雪形成及对道路危害的规律，正确地选择线路方案和提出合理的路基断面设计方案，尽量避免或减轻风吹雪对道路的危害。对已建成的道路，可根据当地的实际情况，因地制宜地采取工程防治措施，减轻或清除道路积雪，保证车辆通行。

1. 冰川灾害

1）冰湖溃决洪水

冰湖突发洪水是高山冰川作用区常见的自然灾害之一，且往往引发山区泥石流。随着山区各项建设的开展和旅游业的发展，需要对冰湖突发洪水及其形成机制预测预报。我国冰湖主要分布在喜马拉雅山、喀喇昆仑山、天山、念青唐古拉山等地，其类型主要有：①冰碛阻塞湖。随着全球气候变暖，大部分山地冰川强烈退缩、冰舌变薄，于是在后退冰川的末端与小冰期终碛垄之间形成湖盆。由于冰碛坝（或埋藏死冰）阻塞，冰川

融水被拦蓄成湖,冰川继续退缩,冰碛阻塞湖不断扩大。②冰川阻塞湖。有些山地冰川在经历较长时间宁静或轻度退缩之后突然起动,以异常速度前进或有巨大的水平位移,这种冰川称为跃动冰川。跃动冰川迅速前进阻塞河谷形成冰川阻塞湖。我国境内克勒青河上游的克亚吉尔冰川和特拉木坎力冰川等均为常态冰川,但它们也能前进阻塞主河道形成冰川阻塞湖。喀喇昆仑山是我国冰川阻塞湖的主要分布地区,冰川阻塞湖突然排水是叶尔羌河出现灾难性大洪水的原因。③冰斗湖和冰蚀槽谷湖。在我国许多高山冰川作用地区,由于第四纪冰川侵蚀作用,当冰川消失后,在某些古冰斗及冰蚀槽谷低洼处蓄水形成许多规模小的湖泊,它们为古冰川在基岩上挖掘而成或在出口处仅有薄层冰碛,故相对稳定,对下游威胁较小。

2)　冰川泥石流

冰川泥石流是指在高山冰川环境下,由冰川洪水与冰川或其他寒冻风化沉积物所形成的特殊泥沙径流,它与其他地理环境下的泥石流现象有着类似的形成条件,即陡峻的沟谷地形、丰富的松散固体物质和充足的水源。冰川泥石流与冰湖溃决泥石流灾害发育在高山冰川分布区的外围,其灾害影响可达很远的下游河谷地带。由于现代冰川类型的不同,冰川泥石流发生的规模、频率与活动特征等亦相应地存在着差异,为此可将我国冰川泥石流划分为海洋性冰川区和大陆性冰川区两个区域,即①海洋性冰川区:集中分布在西藏东南部山区以及西藏与四川、云南交界的横断山脉。其中,尤以雅鲁藏布江下游的几条大支流——易贡藏布、帕隆藏布、东久河、尼洋河、金珠曲和直接流出国境的丹巴曲、察隅河等河谷中的冰川泥石流分布最稠密,总数达数百条之多。②大陆性冰川区:该区的冰川泥石流分布零散,而且数量比海洋性冰川区的冰川泥石流要少,爆发周期也较长。它们主要分布于喜马拉雅山的中、西段北坡,唐古拉山东段以及我国西北地区的喀喇昆仑山、昆仑山、天山、祁连山、阿尔泰山等地。它们经常埋没公路,阻断交通。

2. 积雪灾害

积雪、风吹雪和雪崩分布广,对自然环境产生的影响巨大,与工交农牧业关系密切,尤其在山地资源和灾害防治研究中占有较突出的地位。风雪流灾害在我国分布非常广泛,约占全国总面积的 55.2%。风雪流灾害最严重的地区主要发生在天山、阿尔泰山、藏东南及滇北、川藏公路、青藏公路唐古拉山一带以及大兴安岭西侧、燕山北麓等地。

1)　雪崩

积雪的山坡上,当积雪内部的内聚力抗拒不了它所受到的重力拉引时便向下滑动,引起大量雪体崩塌,人们把这种自然现象称作雪崩,也有的地方把它叫作"雪塌方""雪流沙"或"推山雪"。雪崩是一种所有雪山都会有的地表冰雪迁移过程,它不停地从山体高处借重力作用顺山坡向山下崩塌,崩塌时速度可以达 20～30m/s,具有突然性、运动速度快、破坏力大等特点。它能摧毁大片森林、掩埋房舍、交通线路、通信设施和车辆，甚至能堵截河流，发生临时性的涨水。同时，它还能引起山体滑坡、山崩和泥石流等可怕的自然现象。

2）风吹雪

风吹雪，为空气挟带着雪粒运行的非典型的两相流。风吹雪对自然积雪有重新分配的作用，风吹雪形成的积雪深度一般为自然积雪深度的3～8倍。依据雪粒的吹扬高度、吹雪强度和对能见度的影响，风吹雪可分为低吹雪、高吹雪和暴风雪三类。公路风吹雪雪害是指对冬季公路的正常运营产生巨大影响，并对人们的生命财产和社会生活造成灾难性后果的事件，属于交通灾害的一种，是我国北方冬季最普遍、最频繁、导致道路积雪最严重的一种公路雪害形式。据初步统计，仅华北、东北、西北和西南地区就有6891km的高速公路、66万km的等级公路受风吹雪雪害影响。

5.1.2　冰川、积雪灾害防治原则

1. 道路风吹雪危害的防治原理

1）控制雪的供给

风吹雪在某一速度下能输运的雪的数量是有限的，一定速度的风能够达到的最大输雪强度称为饱和输雪强度。风吹雪的输雪强度是逐渐达到饱和的，即当风吹雪发生后，其在运动过程中不断增加新的雪粒，从而使输雪强度不断增大，最后达到一定速度下的饱和状态。因此，风吹雪强度不仅与风速和降雪的多少有关，还与风吹雪长度有关。在达到饱和输雪强度的状态下，如果由于某种原因风速下降，则一部分雪粒将下落堆积，输雪强度变小；但输雪强度变小将会引起风吹雪的速度随之增大，吹蚀作用加剧，使得风挟带的雪粒数量不断增加，直至达到饱和状态，然而在达到饱和之前，风速也在逐渐下降。所以，可以通过控制雪的供给方法来防治风吹雪积雪。控制雪的供给可以从两方面入手：其一，设计公路时，如果难以避开大规模雪源地带，则应尽量缩短上风区雪源的宽度，使得风吹雪在到达公路时没有足够的发育距离，从而处于不饱和状态。其二，在公路上风侧雪源地带建立防雪栅、挡雪墙等工程防治设施和防雪林等生物防治设施，使风吹雪在经过公路之前先"卸掉"部分雪粒，处于不饱和状态。在保障了风吹雪以不饱和状态到达公路后，即使在经过路面时有一些速度损失，只要不降低到过饱和状态，就不至于形成积雪。

2）改善来流风向

风向与路线走向的夹角是影响雪害的重要因素，因为从地形对气流影响程度的角度来看，风向与路线走向平行时公路建设造成的地形改变对风向的影响比风向与路线走向垂直时要小得多。横断面上地形的突变往往会引起气流的附面层分离，产生旋涡减速区，造成较严重的积雪。此外，当风向与路线走向平行时，也不宜将路侧雪源上的雪输送到路面上。因此，风向与路线走向越是接近平行越不容易形成雪害。换言之，风向与路线

的夹角越大越容易形成雪害。根据这一原理，在设计公路时，一方面，应尽量使路线走向与当地的主导风向相同；另一方面，当夹角不大、设置防雪栅等阻拦设施效果不理想时，也可以利用导风板这种工程防治设施来进行侧导风，将气流走向引导至与公路走向平行。

3）增大路面风速

根据饱和输雪强度的原理，风吹雪的流速增加，原本的饱和状态将变为不饱和状态，因而就不会导致积雪。根据这一原理，可以采取增大路面风速的措施，如利用导风板进行下导风，另外，也可以通过道路的横断面设计来提高路面风速。

4）改善流场形态

风吹雪流经公路上空时，由于横断面的影响形成一定形态的流场，在特定的区域形成一定强度的涡旋减速区。涡旋减速区内部由于压力小、能量损失，雪粒在此大量沉降形成积雪。因此，避免涡旋减速区的出现或者控制其位置对于防止路面积雪有重要的作用。基于改善流场形态的防治措施有针对路堑修建敞开式路基、针对路堤修建流线形路基，以及增大边坡坡脚与道路的距离避免积雪发生在路面等。

5）避免气流扰动

风吹雪的饱和输雪量与其流速成正比，因此在设计公路时，应尽量确保风吹雪在通过公路时不遇到障碍、不引起速度的较大降低。这种对风吹雪来说的无障碍，不仅应体现在设计上，而且在公路施工和日常养护时也要注意对公路周边地形、地貌的整治和利用。路基边坡上的杂草和碎石虽然体积不大，但却会对风吹雪的运行造成一定的扰动，导致局部风速降低，形成少量积雪，这种积雪以雪檐推进的形式不断增加，只要雪源足够充足，最终也会在路面形成积雪。事实上，根据在内蒙古的调查，大部分中等高度的路基（1.5～5m）形成风吹雪积雪都是由于养护不够，在降雪之前没能及时清除路肩杂草。单株 1m 高左右的芏蓟造成的雪檐可以达到 1m 高、2～3m 长，其危害程度是很大的。

2. 公路雪害防治的基本原则

（1）公路雪害的防治，应贯彻以预防为主、工程治理为辅、防治结合的基本原则。预防的重点应该是在路线方案选择上多下功夫，即通过调查观测与综合分析、比较，把路线设计到积雪薄、积雪时间短的地理位置上，以便尽可能地消除隐患。在这个基础上，对可能受雪害的局部地域再设置一些治理工程。在设计防治工程时，应精心设计，选择合理的防雪技术，同时，必须配备一定数量的除雪机械，清除自然积雪和在治理工作失效或尚未设防的地段的风吹雪，实现冬季山区公路车辆安全通行。

（2）对每年发生风吹雪雪害两次以上的路段采取永久性治理。治理措施可根据风吹雪出现的次数、每延米移雪量分别采取不同措施。对一年中只出现一次或几年才出现一次的大风吹雪雪害、暴风雪雪害，应在雪害发生后及时清除风吹雪，同时，尽快恢复交通和各项经济活动。

（3）治理措施，要因地制宜、因害设防，简便易行、经济、有效，力求经济适用、便于维修、使用时间长。根据经济实力，应尽量考虑设置经济有效的永久性工程，如土、石方等组合工程就实现了就地取材、施工简便、修复容易。

（4）在选择工程措施时，应注意就地取材。尽可能采用土石型工程（如土丘、水平台阶、土石型雪堤、浆砌片石、红砖等），若采用土石型工程措施有困难，则可采用其他工程类型，如水泥柱铁丝网、栅栏等。个别地段也可选用建筑物遮蔽。

（5）在林区应强调植树造林、水土保持和合理开发森林资源，结合退耕还林，营造防雪林等达到公路防治风吹雪雪害的目的。

（6）农田条件困难的地段也可以利用高棵农作物秸秆、树枝条等临时防雪。

5.1.3　冰川、积雪灾害防治措施

冰川、积雪灾害是冰冻圈工程重要的影响因素，冰川主要以冰川消融、冰湖溃决洪水等形式对工程服役性产生影响。积雪主要以积雪消融洪水、风吹雪和暴风雪的形式对工程服役性产生影响。

1. 公路雪害防治的基本技术措施

防治公路风吹雪雪害的技术措施，可根据其特点归纳为"固""阻""导""输""改""除"六种基本类型。

（1）固：就是根据风吹雪将雪源地的雪吹起的特点，在雪源地通过洒水、融雪的方法使雪源地的雪固结。当大风来临时，雪源地的雪颗粒很难被吹起，不易产生风吹雪，从而达到减少或不产生风吹雪积雪的目的，使道路保持畅通。

（2）阻：就是阻挡风吹雪，在适当位置设置阻雪措施，减小风吹雪的运行速度，使雪粒在到达公路之前滞流和堆积下来，减少或不产生风吹雪积雪，使道路保持畅通。这类防雪设施主要有各种防雪墙、各种防雪栅、防雪林和高棵农作物秸秆等。

（3）导：在风吹雪危害严重的路段，根据风向与道路走向夹角的大小，设置不同规格、型式的导风设备，以改变吹向道路的风雪流流场，减少或清除道路积雪。

上导风，即将导风板设置在道路上风面路肩外，其作用一是直接阻挡风吹雪，二是改变风吹雪在道路上方的流场结构，增大路面上的风速，使风吹雪越过路面，路面减少或不产生积雪，保持道路畅通。下导风，即将导风板设置在道路上风面路肩附近，其作用是改变风吹雪在路面上的流场结构，增大路面上的风速，使风吹雪不在路面上堆积，而且连降雪也能被吹走。侧导风：是将导风板设置在道路外上风向一定距离处的羽毛状直立形平板组，它能改变风吹雪运行的方向和速度，使其挟带的大量雪粒不能到达路面。

（4）输：是通过导雪设施（导雪板、导雪堤等），改变风吹雪运行的方向、速度以及

流场，将风吹雪挟带的大量雪粒输送（沉积）到不影响车辆运行的路基以外，达到减轻公路风吹雪雪害、保证公路畅通的目的。

（5）改：就是通过改变公路附近原有地形，开挖储雪场，修整边坡、路基断面形式等，改变流场，使风吹雪雪粒沉积减少或改变沉积的位置，达到减轻公路风吹雪雪害的目的，保证公路畅通。

（6）除：就是在公路风吹雪发生积雪后，使用人工或机械把公路沉积的积雪清除至道路以外，以保障公路畅通。

2. 常见的防治方法

1）防雪林

在公路两侧营造防雪林，使风吹雪挟带的雪粒在防雪林及其附近堆积，减轻和防治道路的雪害，这是比较经济有效的方法。它既能防雪害，又能绿化环境，为国家提供木材。在有条件的地区，应尽可能采用营造防雪林的措施来防治风吹雪雪害。防雪林的防治效应与林带构造有密切关系。防雪林的结构一般是上下都比较紧密的林带。气流与防雪林相遇时会受到树干和树冠的摩阻力影响，通过防雪林的风吹雪的动能损失很大，其速度大为减小，风吹雪挟带的雪粒沉积在防雪林及其两侧风速减弱区域内，从而达到保护路面的目的。

防雪林的防雪效应还与风向有关，防雪林和风吹雪方向垂直时防护效果最好；风向与防雪林的交角在 60°以上时，防护效应没有显著减弱；但风向与防雪林交角小于 15°时，防雪林的防护效果就很差，甚至失去作用。所以，防雪林设置时应充分考虑道路雪害的位置、雪害程度、主导风向等有关因素，合理设置。防雪林的走向应尽可能与风吹雪方向垂直。防雪林宽度以 9～20m 较合适。防雪林和道路的距离要设计适当。防雪林离道路太近，不仅不能防雪，而且会增大道路积雪量，造成更大的危害；离道路太远，也不能起到防雪的作用。防雪林与道路的距离一般为林高的 10～15 倍较好。根据黑龙江防雪林设置的经验，防雪林距公路边沟30m 以外最佳。防雪林采用乔灌结合的方式效果较好，一般株距、行距各 1m 的防雪林效果较好，但应注意树长高时要及时修剪，否则会降低防治效果。

2）简易防雪杖

防雪林的防治效果虽好，但需要占较多地，而且也不是立刻就能见效的。实践中因地制宜、就地取材设置的简易防雪杖效果相当不错，简易防雪杖的阻雪效应与防雪林相同。实践中防雪杖一般利用当地产的玉米秆、向日葵秆、树枝等编结而成，高度一般为 1.5～2m，在距边沟 20m 以外设置，雪量较大时可连续设置多道防雪杖，这样效果会更好。

3）阻雪堤

利用已有的积雪修筑雪质阻雪堤，可以达到以雪治雪的目的，其是一个简便易行的

方法。实践中可利用已有的积雪在公路迎风一侧将积雪筑成 1.5~2m 高的阻雪堤，阻雪堤分段修筑，使每段与主导风向垂直。第一道阻雪堤一般距边沟 15~20m，随着阻雪的增多，可继续利用新的积雪加高原有的阻雪堤。同时，利用新的积雪在原阻雪堤的外侧再修筑新的阻雪堤，形成多道组合阻雪堤，以达到更好的阻雪效果。当然这种方法是临时性的，应该注意对残雪处理以及残雪对公路两侧农作物的影响。

4）植物防雪

植物防雪，就是利用公路两侧植物防治风吹雪的简单方法。根据公路雪阻路段相对固定的特点，在春天播种季节，由公路管理部门与公路两侧农民协商，在雪阻路段两侧种植高棵作物，如玉米、高粱、向日葵等。待秋天收割时只收果实而不割倒秸秆。利用这些未收割的秸秆形成植物防护带，使风吹雪受阻，从而达到防治风吹雪的目的。

5）公路除雪

由于受地形等客观条件的限制，有些路段不能做到有效预防雪阻，因而每年仍有不同程度的雪阻发生，因而公路除雪仍是冬季公路养护的主要任务之一。目前，除雪方式以机械除雪为主，主要机械有除雪机、平地机、装卸机、推土机等。除雪时应尽量将积雪推至下风一侧，以防重复雪阻。

6）育草蓄雪

育草蓄雪就是通过减少气流中的含雪量，有效减轻风吹雪对公路危害的一种新型生物防治措施。采用育草蓄雪不但可以减轻风吹雪雪害，还能增加植被盖度，提高牧草产量，改善生态环境，其是一项利国利民、有利于交通建设事业的重要举措。

在内蒙古草原、青海草原、甘肃甘南草原的调查结果表明，若公路上风侧是刈割草场，公路雪害程度就重；若公路上风侧是封育草场，植被高度和盖度大，公路雪害程度就轻，公路风吹雪雪害的程度与公路两侧植被的盖度、高度有密切的关系，故明确植被盖度、高度与风雪流的关系是育草蓄雪发挥防雪作用的关键所在。地表与气流的摩擦阻力使地表某一高度内气流的风速为 0，此高度即粗糙度。当地表有植被覆盖时，地表越粗糙，摩擦阻力越大，风速轴线越上移，近地面风速越小，就越不易达到使表层雪粒运动的临界风速。植被的盖度、高度不同，对应着不同的粗糙度，因此风速也会发生相应的变化。地表植被盖度越大，高度越高，地面就越粗糙，摩擦阻力就越大，风速廓线上移量也就越大，对近地表的风速的减弱作用就越明显。地表植被内可截留风雪流中大部分的雪粒，积蓄为一个巨大的雪库，继而移雪量减小，风雪流浓度降低，能见度提高。这样育草蓄雪不但能消除风吹雪对路面积雪的危害，而且能消除风吹雪对驾驶员视线障碍的危害，从根本上解决风吹雪对公路的危害。

5.2　冻土工程安全保障技术

5.2.1　冻融灾害形成及特点

我国国土面积 75% 为多年冻土区和季节冻土区，冻土区各类工程建设均会受到冻融灾害的影响，如工业与民用建筑、水利设施、隧道、桥梁、路基工程等常出现大量冻融灾害问题，不仅严重影响工程的安全运营，而且产生了较大的经济损失。冻融灾害的特点具有显著的季节性、广泛性、频发性、反复性、潜在性，常伴随着工程基础设施建设而产生。冻融灾害主要分为两类：一类是与冻胀过程有关的冻结灾害；另一类是与融化过程有关的融化下沉灾害。

在寒冷气候环境下，岩土中水分的冻结与负温下温湿度变化而产生的应力引起的水分迁移、冰的形成及融化、岩土变形及位移、沉积物的改造等一系列非冰川作用过程及伴生的地貌形态，称为冰缘作用。由冰缘作用所伴生的地貌形态称为冰缘地貌（冷生地貌）或冰缘现象（冷生现象），这是一种自然过程。但是，冰缘现象与寒区工程发生联系并可能会对工程造成影响和破坏，我们将其称为冻融灾害或冻土不良地质现象。

1. 以冻胀作用为主的不良地质现象

1）冰椎

冰椎，也被称为涎流冰，是指地下水沿地表裂缝等部位，多次溢出地表并冻结而形成的微微隆起的地面冰体，其在多年冻土区和季节冻土区都有分布，如图 5.1 所示。冰椎形成的条件包括：①具有充足的、未冻的地下水；②具有地下水溢出地表的通道，且地下水层底部具有隔水层（如冻土层或黏土层等）；③外环境温度较低，且持续时间较长，能让溢出地表的地下水保持冻结。

图 5.1　冰椎

在冻土区，当地下水渗入公路/铁路路基或建筑物地基时，在适当条件下，就可能在渗入区域形成冰椎，导致路基或地基膨胀；当冰椎融化后，路基或地基又将发生不均匀沉陷，这一过程将引起路基、路面和地基的开裂和变形，产生较大的危害。因此，在勘测设计中要详细调查冻土层上水的情况，对于规模大的冰椎群尽可能绕避；当无法绕避时，应选择冰椎发育最少、规模最小的地段通过，并尽可能从冰椎的上方通过。当冰椎规模不大、填筑路基的材料在技术和经济上又可取时，可适当提高路基设计标高，防止冰椎上路。由于地下水是冰椎形成的关键因素，所以对冰椎的防治，以切断水源为关键措施。在工程施工中，要以保护多年冻土为原则，保护好原地面植被覆盖层，需要开挖时一般不宜开挖过深，否则会致使地下水露出，冬季形成冰丘、冰椎而危害路基及桥涵。

2）冻胀丘

冻胀丘是指发育在多年冻土区，具有固态的冰核心且外部由土壤覆盖的丘状隆起，如图 5.2 所示。较大的冻胀丘，其高度可以达到 70～90m，直径可以达到 600～800m。冻胀丘仅能在多年冻土环境中形成，其形成速度相当缓慢，每年仅仅增加几厘米，因此一个冻胀丘需要几十年甚至几个世纪才能完全形成。当较大的冻胀丘形成后，其顶部的土壤覆盖层在应力作用下可能会出现开裂，这将使得土壤覆盖层下部的冰核暴露出来并融化，从而在冻胀丘顶部形成一个水塘。一些更大的冻胀丘的丘体和顶部的水塘规模较大，看上去与火山比较类似。

(a) 青藏高原62道班冻胀丘　　　　　　　　　　　　(b) 冻胀丘的垂直剖面

图 5.2　冻胀丘

冻胀丘分为开放型冻胀丘和封闭型冻胀丘。开放型冻胀丘通常形成于斜坡的底部，常呈椭圆形，由来自外部的水源不断补给形成；这些外部水源通常来自非连续多年冻土区或厚度较小的多年冻土区的多年冻土层下或层间的含水层。开放型冻胀丘因为总是处于承压水的压力之下，其冰核受到来自含水层水源的不断补给而增大，增大的冰核使得地表隆升，形成冻胀丘。与之相对应，封闭型冻胀丘由静水压力而形成，与外部水源无关；其通常形成于干涸的湖泊、河道或河流三角洲附近，且在尺寸上一般大于开放型冻胀丘。在受限的地层空间内，当饱和土壤冻结时，其膨胀所产生的压力挤压上覆地层，使得孔隙水被挤入正在隆升的多年冻土层上部，其所产生的压力使得顶部地层突出地面呈丘状隆起，形成冻胀丘，并同时在内部形成冰核。在工程活动中，一般需要避开冻胀丘区域。

2. 以融沉作用为主的冻土地质灾害现象

1）热融滑塌

在有厚层地下冰分布的斜坡上，自然因素（如河流侵蚀坡脚），或是人为活动（如工程施工或挖方取土）使得地下冰暴露并融化，导致沿坡向上方紧邻的融土失去原有的冰层支撑而在自重作用下塌落；塌落的融土掩盖了融化部位的冰层，但同时又使得其上方有新的地下冰暴露。新暴露的地下冰又融化，产生新的塌落，如此反复，一直沿坡向向上方发展，形成热融滑塌，如图 5.3（a）所示。热融滑塌主要是由下向上发展，向两侧发展较少，因此滑塌体的轮廓常呈簸箕状；滑塌形成的稀泥状物质向下流动，会对道路和建筑物产生破坏。

(a) 热融滑塌　　　　　　　(b) 热融湖塘　　　　　　　(c) 热融沉陷

图 5.3　以融沉为主的冻土地质现象

2）热融湖塘

在多年冻土区，自然或人为因素所引起的季节融化深度加大，致使地下冰或多年冻结层发生局部融化，随之引起地表土层的沉陷而形成热融沉陷；热融沉陷在积水后所形成的湖塘被称为热融湖塘，如图 5.3（b）所示。

3）热融沉陷

热融沉陷又称为融化下沉，简称融沉，是指土体中的冰层融化后所产生的水排出，以及土体的融化固结所引起的局部地面的下沉现象，如图 5.3（c）所示。这一现象通常由自然因素，如气候转暖，或是人为因素，如砍伐和焚烧树木、房屋采暖等，改变了局部地面的温度状况，引起了季节融化深度加大，使得地下冰或多年冻土层发生局部融化所致。在天然环境中发生的热融沉陷往往表现为热融洼地、热融湖泽和热融阶地等。

在工程活动中，应该尽量减少改变局部地面的温度状况，积极保护工程建筑下冻土热状态的稳定，避免导致各种热融灾害。

3. 地下冰

地下冰作为冻土中一个重要的组成部分，其形成和融化对冻土不良地质现象起到重要的作用。因此，在工程建筑物的地基土中，地下冰被普遍认为是一种不良地质现象。

地下冰是包含在正冻土中和冻土中所有类型冰的总称。据粗略估计，北半球地下冰的总体积为 $11×10^4 \sim 37×10^4km^3$，我国青藏高原多年冻土区地下冰的总体积约为 $9528km^3$。

地下冰主要分布在岩石圈上部 10～30m 及以上的深度内，如在北半球的高纬度地带有很多地方分布在其上部 0～30m 的深度内，其体积含冰量达到 50%～80%，青藏高原昆仑山多年冻土层中 90m 左右深处仍可见 23cm 厚的纯冰层。地下冰的形成、存在和融化对气候、水文与水循环、生态环境、生物、土壤、碳循环、地形、地貌以及工程建筑物等均有重大的影响。地下冰可能是后生的或共生的，也可能是同时发生的或残余的、进化的或退化的、多年性的或季节性的。地下冰发生在土体或岩石孔隙、洞穴，或其他开放的空间中，包括大块冰（图5.4）。其常以透镜状、冰楔、脉状、层状、不规则块状，或者作为单个晶体或帽状存在于矿物质颗粒之上。多年性地下冰只能够存在于多年冻土体中。

目前，世界上提出的地下冰分类有 20 余种，但主要概括为两大分类方法：第一类是按地下冰的成因类型将其分为三类：构造冰、洞脉冰、埋藏冰。其中，构造冰包括胶结冰、分凝冰、侵入冰和细小脉冰；洞脉冰包括洞冰和大型脉冰；埋藏冰包括被岩屑与土所掩埋的各种地表冰，如河冰、湖冰、海冰、冰椎冰、冰川冰和多年积雪，俄罗斯多采用这种分类方法。第二类是北美和国际冻土协会（IPA）主要按水的来源、迁移方式将其分为三种类型：一是主要由大气中的水通过水汽扩散形成的开敞洞穴冰；二是由地表水通过重力迁移形成的单脉冰、冰楔和张裂隙冰；三是由地下水形成的封闭洞穴冰、分凝冰、侵入冰和孔隙冰。

(a) 冻土上限附近重复分凝冰(牛富俊摄于2002年)　　　(b) 昆仑山冻土中地下冰冰层(俞祁浩摄于2001年)

图 5.4　青藏高原地下冰

在俄罗斯分类的基础上,我国将地下冰类型分为两大类。内成冰和外成冰(埋藏冰)。其中,内成冰可分为脉冰、重复脉冰(冰楔冰,我国东北大兴安岭的伊图里河冰楔和乌玛冰楔)、侵入冰(昆仑山垭口冻胀丘冰核主要为侵入冰;古莲河月牙湖露天煤矿大约45m 深处赋存有侵入冰)、孔隙冰、分凝冰、重复分凝冰(具体特殊的斑杂状冷生构造,也称加积冰,由重复分凝作用形成的地下冰多见于多年冻土上限附近,国内习惯称为上限附近地下冰)、洞穴冰。外成冰可分为雪冰和水成冰。冻土工程常根据冻土中地下冰含量的大小进行分类,可分为少冰冻土、多冰冻土、富冰冻土、饱冰冻土和含土冰层。

多年冻土均不同程度地含有地下冰,多年冻土层在形成和发展时期,土(岩)体中水分不断冻结集聚成冰,冻土退化时地下冰逐渐融化成水,其对冻土工程也具有重大的影响。重复分凝机制导致多年冻土上限附近至地下一定深度范围内赋存有厚层地下冰,工程扰动和气候变化极易诱发地下冰融化,引起地表过程和热侵蚀过程的变化,如地表下沉、热融滑塌、融冻泥流、热融洼地、热融湖塘等,不仅对寒区生态环境产生重大影响,同时极易诱发冻土灾害问题,严重影响冻土和寒区工程构筑物的稳定性,如融化下沉变形、路基开裂、桥梁坍塌等。

4. 冻融作用引起的工程病害

工程构筑物由于受冻土冻融作用的影响而发生变形甚至破坏,由此产生了大量的工程病害问题。工程病害与工程构筑物类型有密切的关系,其形成也与工程类型和其下部的冻土有关。房屋建筑物地基土冻融作用的影响导致冻胀和融化下沉的工程病害,如房屋墙体开裂。对于季节冻土区,主要是由于地基土的冻胀,房屋墙体开裂呈"八"形;对于多年冻土区,主要是由于地基土的融化下沉,房屋墙体开裂呈倒"八"形。桩基础,在季节冻土区主要因冻胀而产生的桩基础冻拔问题,在多年冻土区可能会因冻土融化下沉而产生的桩基础下沉问题。路基工程,季节冻土区路基土体产生冻胀变形、开裂、冻融翻浆等,多年冻土区路基土体产生融化下沉变形、不均匀波浪变形、横向(纵向)开裂等。

总之,工程构筑物会因地基土体冻胀和融化下沉导致不同的工程病害类型,这些病害类型的形成主要与地基土体冻融过程有关。不同的工程类型在季节冻土区和多年冻土区所形成的病害特点、影响因素、工程热扰动影响等也是有所不同的(陈肖柏等,2006)。

5.2.2　冻土工程设计原则

建筑物地基基础设计的原则是保持建筑物地基系统力学的稳定性。从冻土工程性质可知,冻土的物理、力学性质是温度及荷载作用时间的函数,多年冻土地基的工程性质具有随温度和时间变化的特性。在多年冻土区地基基础设计时,必须同时考虑冻土地基系统的力学稳定性和热学稳定性,这是与非冻土区地基基础设计的重大区别。随着地基土的温度变化，土体由正温变为负温时产生的冻结作用，使地基土具有不同程度的冻胀性；冻土地基由负温变为正温时就产生沉降和压密作用，使冻土地基具有不同程度的融沉性。"热学问题"即成为保持冻土地基系统力学稳定性的前提，地基基础设计时必须采取措施来维持多年冻土地基的设计温度，或者随着冻土地基温度变化而采取措施保持建筑物的结构稳定性（美国陆军部冷区研究与工程实验室，1984）。

因此，多年冻土区建筑物地基基础设计与计算应考虑如下内容。

（1）冻土地基的热工计算：建筑场地的多年冻土年平均地温计算（或观测值、统计值）；冻土地基融化盘下最高土温计算；通风地下室温度状态的计算；地基土冻结深度和冻土地基融化深度计算。

（2）冻土地基及基础的力学设计与计算：冻土地基承载力的计算；冻土地基的融化下沉计算；基础的变形计算；冻胀性地基土上基础抗冻胀稳定性验算；基础类型及尺寸选择。

（3）冻土地基热防护措施计算：多年冻土区冻土热防护措施的设计与计算，如热棒基础设计、隔热层设计、通风（或架空通风）基础设计，以及它们复合措施设计、遮阳及人工制冷结构设计等。

（4）冻土区建筑物适应性结构设计与计算：如架空通风基础、填土通风管基础、桩基础、热桩基础、深基础和扩大基础、保温隔热底板等。

（5）冻土区环境保护工程设计。

多年冻土地基，通常应同时按两种极限状态计算。

按承载能力计算（第一极限状态）：即建筑物基础作用下多年冻土地基的应力应不超过地基的允许承载力（极限长期强度）。

按下沉变形计算（第二极限状态）：即建筑物在施工和运营期间，地基下沉变形速度和总变形量都不超过建筑物的允许变形量。

在多年冻土区进行工程建设时，在满足"工程施工和运营期间，多年冻土环境状态与多年冻土地基的温度状态相对稳定"的前提下，采用保障建筑物可靠性的方法和对整个自然环境的保护措施都是为维持工程建筑地基、基础的稳定。因此，多年冻土区地基、基础设计时，应考虑采取何种措施来保护多年冻土环境和保障建筑物稳定性、耐久性，并达到运营质量要求，可通过选择建筑物的结构、基础类型，改善地基的建筑性能，采用科学的施工方法等调整建筑物与冻土地基热相互作用等，减少对多年冻土环境和地基防热干扰来达到这一要求。目前，这些措施的稳定性保障方式都是以冻土条件为依据的，有的按多年冻土作为地基的建筑原则方式；有的按危险性冻土过程方式；有的按人为冻土过程对生态条件的影响程度方式来确定所采取的措施。

建筑原则应充分依据建筑场地冻土工程地质条件（地质和冻土组构、多年冻土的年平均地温、含冰率或总含水率、冻土上限、冻土地基的融化下沉系数及压缩系数等室内外试验观测资料）、建筑物的特点（热状态、建筑面积、结构及不均匀沉降的敏感性等）

和地基土性质的变化来确定。

多年冻土用作建筑地基时，可采用三状态（原则）之一进行设计。

原则Ⅰ：保持冻结状态。在工程施工和运营期，多年冻土地基始终保持冻结状态。

该原则适用于多年冻土年平均地温较低（低于-1.5～-1.0℃）的各种冻土地基。其条件是，在气候和工程热影响下，采用的热防护措施能长期有效地保持冻土地基处于设计温度状态。其通常在低温、高含冰率冻土区和高地震地区采用。

原则Ⅱ：逐渐融化状态。在工程施工和运营期，多年冻土地基处于逐渐融化状态。

该原则适用于多年冻土年平均地温高于-1.5～-1.0℃的冻土地基,融化时冻土地基不会出现强烈沉陷，其沉降量应小于该类建筑物的极限变形值。原则Ⅱ是限制冻土地基融化。在建筑物施工和运行期间只允许冻土地基融化至某一设计深度，基础持力层仍处于冻结状态。因此，其较适用于低含冰率冻土或冻结粗颗粒土地基。

原则Ⅲ：预先融化状态。在工程施工前，多年冻土地基融化至计算深度或全部融化。

该原则用于高温、高含冰冻土地基。其前提是技术可行、经济合理。

在高温多年冻土地区，无论是整个建筑物或整个建筑场地都必须根据一个建筑原则进行设计。对于同一个建筑场地的相邻建筑物，特别是单个建筑物（即便是建筑面积较大），不允许混合使用两种建筑原则进行设计。线性建筑物可在不同地段采用不同设计状态，但要预先考虑从一个地段过渡到另一个地段时，线性建筑物结构对地基不均匀变形的适应性。

5.2.3 冻土工程安全保障措施

冻融灾害是冻土工程安全最重要的影响因素，包括冻胀和融沉以及不良地质现象对工程稳定性的影响，其与工程构筑物类型有密切关系。因此，防治冻融灾害的技术和方法需要依据工程类型特点、冻融灾害和工程病害形成的特征、影响因素等具体考虑。因为冻土工程安全保障技术与工程构筑物的类型有密切关系，按工程类型来论述冻土工程保障技术，内容太过于庞杂。因此，本书主要依据冻融作用对工程构筑物的影响特点，从土体冻胀和融化下沉两个方面来简要地论述冻土工程安全保障技术的基本原理和方法。

1. 土体冻胀防治技术措施

寒冷地区地基土的防冻胀措施有：地基土质改良法（换填法、物理化学改性法）、隔热保温法（减小冻结深度）和隔水排水疏干法（疏干和削弱地基土水分迁移）。地基土冻胀而出现冻胀力（冻拔力或膨胀力），引起建筑物变形破坏。采用隔离回避法、锚固法等也能有效防止冻胀。从效果看，地基处理和结构措施等可以作为防冻胀设计的综合治理方法。

1）地基土质改良法

地基土质改良主要采用非冻胀性土置换冻胀性地基土，通常采用的换填料是粗颗粒土，如砂砾石、砾砂、粗砂等。换填法防治建筑物冻害的效果与换填深度、换填料的粉黏粒含量和排水条件、地基土土质、地下水位和建筑物适应不均匀冻胀变形的能力等因素有关。采用换填法时，还要考虑料源及运输条件、建筑物的结构特点、工程造价等。物理化学改性法，是利用交换阳离子及盐分对土的冻胀性影响规律，采用人工材料处理地基土，以改变土颗粒与水之间的相互作用，使土体中的水分迁移强度及其冰点降低，从而达到削弱地基土冻胀的目的。物理化学改性法防治土体冻胀在国外已应用多年，方法多种多样，如人工盐渍化改良土、用憎水性物质改良土和使土颗粒聚集或分散改良土三种方法。

2）隔热保温法

隔热保温法是指在建筑物基础底部或四周设置隔热层，以增大热阻。从防冻胀角度来看，隔热保温法可延迟地基土的冻结，提高地基土的温度，减小冻结深度，进而达到防冻胀的目的。从防融沉角度来看，隔热保温法可减小冻土地基的融化深度，以达到防融沉的目的。隔热材料：主要采用工业隔热材料，如聚苯乙烯泡沫塑料（EPS）、挤塑聚苯乙烯泡沫塑料（XPS）等。还有其他材料，如炉渣、火山灰、泡沫混凝土、玻璃纤维等。

3）隔水排水疏干法

水是引起地基土冻胀或融沉的重要因素之一。隔水排水疏干法必须做好两方面的措施：一方面是要排除和隔断地表水等外界水源的渗入，另一方面是降低地下水位和地基土中水分。地表排水隔水，做好房屋墙外的散水坡及在基槽内积水，同时设置排水沟排除积水。当下卧层为砂砾石，且水位较低时，可和基槽排水管连通，疏干基槽水分。

4）隔离回避法

隔离回避法是指在基础与周边地基土间采用隔离措施，使基础侧表面与地基土间不产生冻结（即不产生冻结强度），从而消除地基土对基侧的切向冻胀力作用。不论是季节冻土区或是多年冻土区，采用桩基础时，用该方法可以有效地防治建筑物的冻胀。隔离法有两种，即季节活动层范围内，桩基础外加有套筒和无套筒。有套筒的冻胀隔离法是在桩基础外先套以钢护套筒，其底部带有外凸的凸环，埋入最大季节活动层深度底部，套筒外壁先用憎水性物质涂抹一层，避免地基土冻胀时出现冻拔。套筒与桩基础间（间隙一般为20～50mm）充填憎水性混合物。套筒外用粗砂及水混合物回填。无套筒的冻胀隔离法，即上述方法中不加钢护套筒，桩基础与地基土间直接用憎水性混合物充填。

5）锚固法

锚固法防冻胀措施旨在将基础锚固于地基土中，基础结构强度应能抵抗地基土的切向冻胀力，其计算方法按"冻胀性地基土上基础抗冻胀稳定性验算"进行。锚固法通常包括深基础、扩大基础、爆扩桩基础、挤扩桩基础、扩孔桩基础、排架下板型基础等。

2. 融化下沉防治技术措施

多年冻土区建筑工程，除了会出现冻胀破坏外，更多的工程实例表明，冻土地基的融化下沉引起的建筑物破坏成为多年冻土区工程建筑的主要灾害。因此，多年冻土区工程建筑基础设计时，除了考虑地基的防冻胀设计外，还应注重地基的防治融化下沉设计。冻土地基防治融化下沉设计方法通常有物理法、防排法、保温法和冷却地基法。还有结构法防治融化下沉技术（图 5.5）。工程实践表明，多年冻土区工程采用架空通风冷却系统对降低冻土地基地温、避免融化盘形成最为有效且施工简便、造价较低。

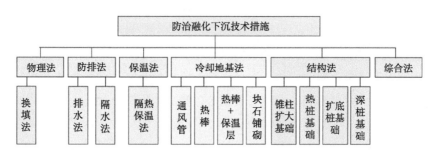

图 5.5　冻土地基防治融化下沉技术措施

多年冻土区工程建筑物下部通常都会形成融化盘，冻土地基发生融化下沉，引起建筑物下沉变形，甚至破坏。为维持冻土地基的热稳定性和力学稳定状态，充分利用多年冻土区寒冷气候条件，基础设计中采用专门的冷却设施，如通风地下室、通风管道、热桩等。多年冻土区房屋设计中，除了做好室内地面保暖隔热外，常用的地基冷却系统有：架空通风冷却系统、填土通风管冷却系统、热棒冷却系统、填石冷却系统。

架空通风冷却系统是采用桩基础将建筑物架空，地面与建筑物一层地板间留有一定高度的通风空间（其通常直接设在地面上，也有设在地下或半地下）。这种简单的通风空间或通风道，借助通风空间的空气对流，将房屋地坪、楼板传下来的热量拦截、带走，释放到大气中，从而防止采暖房屋的热量传入冻土地基中，以保持冻土冻结状态的热稳定性。这种结构又称为通风地下室。架空通风基础主要采用桩基础，地下设半地下通风地下室主要采用圈梁柱基础、条形基础。

填土通风管冷却系统是指在天然地面上用粗颗粒土（砂砾石类土）填筑一定高度垫层作为建筑物的地基，在垫层内埋设通风管，或在垫层面上铺设通风管或筏型通风道基础，通过通风管内空气的对流，将房屋室内地板传至填土垫层的热量带出，释放至大气中，将融化深度控制在填土垫层地基内，不至于传入冻土地基中。冬季，冷空气可通过通风管冷却填土垫层，从而保持冻土地基的冻结状态和热稳定性。填土通风管冷却系统的基础多为圈梁柱基础、条形基础、筏型基础等。

热棒冷却系统是通过建筑物侧面插入热棒（热虹吸）或在填土地基中埋设热棒，通过热棒中液、汽两相对流循环的热传输装置，将建筑物地面渗出的热传送到大气中。埋入地基土的热棒蒸发器吸收地基中的热量，使热棒内的工质（液体）受热气化，上升到露出地基外的热棒冷凝器，通过与大气冷空气的热交换，汽化的工质散发热量而冷却成液珠，再逐渐回流到地基埋的热棒蒸发器。如此往复循环，使建筑物地基中的热量不断地传输出去，又不断地将空气中冷能传入地基中，使地基土逐渐降温，从而保持冻土地基的冻结状态和热稳定性。热棒的传输是利用"温差"和"潜热"进行的，冷凝器与蒸发器间存在 0.006℃温差时，即可启动工作。液体对流桩通常要求空气温度低于土体温度2.33℃时才能启动工作。

填石冷却系统是针对块石层填料是具有相变特性的散热材料。寒季，块石层的当量导热系数很大，达 10.55 kcal/(m·h·℃)；暖季，其导热系数很小，仅为 0.87 kcal/(m·h·℃)，两者比值超过 12。为此，块石层具有良好的"热开关"效应：寒季，冷量可直通块石层"沉淀"和储存于下部；暖季，块石层可相应地阻止热量下传。根据块石层的热物理特性，可将原来的填土（砂砾石）与块石层结合，形成块石填土地基。在天然地面上先铺设 0.3～0.5 m 的砂砾石层（起着排水作用），其上铺设 1.2～1.5 m 厚度的块石层，表面上铺设一层土工布（防细粒土漏下），上面再填筑一定厚度的非冻胀敏感性砂砾石层，这样构成块石填土复合地基。块石层应满足的技术要求：块石的抗压强度应不小于 30 MPa，粒径为 150～300 mm，填层厚度一般不小于 1.5 m。

5.3　河湖（水库）冰灾害防治技术

5.3.1　河湖（水库）冰灾害形成及其特点

河湖（水库）冰的灾害包括两方面，即冰对工程结构物安全运行构成的危害和冰凌对水安全构成的危害。中国北方河流、水库和湖泊冰灾害主要发生在入冬结冰和开春流凌期间，形式主要有冰坝洪水、冰花堵塞、冰推破坏、冰拔破坏和淘刷以及流冰撞击。由于我国处于低纬度，因此抗冰结构物方面的灾害总体低于结构物水安全运行方面的灾害。

冰坝洪水是指在开河时，当大量流冰堆积在河道、浅滩或者大块冰盖前缘时，河水流动受到阻碍，水位上升所引发的洪水。融冰期水位上升迅速，加之冰坝强度也迅速下降，很容易形成漫堤和凌洪灾害。

冰花堵塞是指悬浮在河面或湖面上的冰花，当碰到温度比自身更低的固体时，就会贴附在其表面，并逐渐冻结、加厚，阻碍水流甚至完全堵塞过水断面。例如，冰花黏附在电站进水口拦污栅或水闸上，阻碍电站的运行，而导致电站上游因水位上涨而漫出河堤形成凌洪。

冰推破坏是指寒区的淡水水体（主要是水库和渠道）在冬季的运行过程中，水面会出现大面积封冻现象，当遇到来年气温开始转暖的情况时，冰温也逐渐升高，体积膨胀，产生很大的静冰压力，称为冰压力。当冰压力施加于护坡时，那么护坡就会向上移动、滑动、滚动等，这就是通称的冰推破坏。它一般频繁发生在水位较浅、坝体较长或者冬季水位变化较小的平原水库或者渠道。

冰拔破坏是指当水库冰封之后，没有及时泄水，而水库依然处于蓄水的运作状态，那么水平面就会上升，冰面也随之抬高，从而造成建筑物向上拔起的破坏，称为冰拔破坏。其破坏形式主要表现为护坡植被、护坡板、混凝土齿墙被拔起；而水位下降会使得护坡发生旋转，混凝土齿墙向内侧倾斜。

5.3.2　河湖（水库）冰灾害防治原则

河湖（水库）的冰灾害主要体现在封冻前凌汛和开河后凌汛所引起的冰塞和冰坝。它们会导致冰塞和冰坝后段的水位急剧上涨，引起涝灾，阻断交通；湖泊、水库护岸的挖蚀和挤压、破碎冰块的堆积和爬坡；冰上交通的安全事故等。在工程上，针对具体情况，有冰凌爆破、浮桥拆除、安全活动等级预警等非工程措施和提高抗冰结构物建设的工程措施。

5.3.3　河湖（水库）冰灾害防治措施

河湖（水库）冰灾害防治的工程措施均是以结构物拦截冰撞击、引导冰运动、降低冰情为目标的。中国黄河冰灾害防治采取的措施包括：①修建水库；②修筑堤防、涵闸和分凌区；③冰凌爆破。

河湖（水库）冰灾害防治的非工程措施包括：①冰凌监测预警机制；②凌情观测及防治措施；③抢险和滩区群众迁移。

5.4　海冰工程安全保障技术

5.4.1　海冰工程灾害形成及其特点

海冰工程灾害主要来自海岸、近海、远海冰与结构物作用所引起的结构物破坏和结构物振动对工作人员操控的影响，此外，海上湿度引起的结构物表面附着冰也影响工作人员的正常户外作业。海洋结构物概况分为两类：固定式结构物和浮式结构物。由于中国渤海的工业活动相对于其他国家的活跃，加之渤海海冰作为北半球的南边缘，海冰类型多，实际上渤海海冰与不同类型结构物的作用方式、潜在灾害类型都是广泛的。中国海冰对结构物的安全影响主要包括以下三个方面：

（1）破坏海洋和海岸固定式结构物，影响海洋油气资源开发、港口和核电站正常运行；

（2）阻断通航，引起船舶结构变形、受损、降速、搁浅，甚至溢油风险；

（3）影响渔业生产和人民生命安全。

渤海海冰对固定式结构物造成严重破坏的案例屡见不鲜，如 1969 年 2~3 月，渤海曾出现历史上罕见的大冰封，不仅持续时间长、冰封范围广，几乎覆盖了整个渤海，而且冰厚较大、冰质坚硬。这次冰封造成天津港务局回淤研究站的观测平台、"海二井"设备平台和钻井平台均被海冰推倒。1977 年，冰情偏重，"海四井"的烽火台被海冰推倒。

渤海海冰对船舶航行也有较大的灾害影响，1969 年 2 月 5 日~3 月 6 日一个月的时间内，渤海就有 7 艘进出天津港的客货轮被海冰推移搁浅，19 艘被海冰夹住随流冰漂移，另有 5 艘万吨级货轮的螺旋桨在航行中被海冰撞坏，船体变形。天津航道局设在航道上的灯标全部被海冰挟走。1977 年，冰情偏重，秦皇岛有多艘船只被冰夹住，需破冰船来引航。1998 年 1 月，鸭绿江口发生了本地 50 年来最严重的冰灾，较厚的沿岸固定冰冰排受涨落潮海水影响被推起，相互挤压和碰撞，造成丹东大东港码头 17 处严重破坏、11 艘船只沉没、19 艘船只严重受损，险情持续 6 天，经济损失达数千万元。2004~2005 年后冬期间，营口鲅鱼圈港附近整个海面处于冰封状态，尤其是 2 月 2 日和 3 日两天，锚地（距岸 8 海里左右）、航道、港池严重冰封，货轮很难进港，只能靠港方两条破冰拖轮往返多次破冰引航。2009~2010 年冬季渤海及黄海北部又发生了近 30 年来最严重的冰情，辽宁、河北、天津、山东等地受灾人口 6.1 万人，损毁船只 7157 艘，港口及码头封冻 296 个。

在北极航行历史上，海冰造成船舶破损、失控、被困等的实例很多。2014 年 1 月，中国"雪龙"号成功营救在南极遇险的俄罗斯籍"绍卡利斯基院士"号客船上的 52 名乘客，之后它所在地区的流冰范围迅速扩大，造成"雪龙"号及船上 101 名人员被困。如果把冰山计算在内，除了众所周知的泰坦尼克号事件外，加拿大"探索者"号游轮 2007 年 11 月 23 日在南极海域与冰山相撞，导致船身破损及倾侧，最后沉没。由于救援及时，船上 154 人安全脱险。2019 年 1 月 19 日上午，正在进行第 35 次南极科考的"雪龙"号在阿蒙森海密集冰区航行时，因受浓雾影响，以 3 节的速度（5.56km/h）与冰山碰撞，船艏桅杆和部分舷墙受损。

海冰对海水养殖业的影响只有中国报道。2009~2010 年冬季渤海及黄海北部的最严重冰情，使得辽宁、河北、天津、山东等地海水养殖受损面积达 20.8 万 km^2，直接经济损失高达 63.18 亿元，占全年海洋灾害总经济损失的 47.6%，成为 2010 年中国海洋灾害的主要灾种。

5.4.2　海冰工程安全保障设计原则

　　海冰工程的安全保障主要体现在结构物抗冰能力设计方面。它同冻土区结构物稳定性设计的主要区别是，前者以抵抗冰运动产生的作用力为主，后者以冻土为地基，以防止冻土不均匀变形为主。前者属于大尺度的海冰漂移运动，后者属于小尺度的冻土变形运动。因此，前者以海冰强度的上限为设计依据，后者则以冻土强度的下限为设计依据。在海冰结构物设计中，也常使用结构物外形将冰层挤压破碎形式转换为冰层弯曲破碎形式。挤压破碎形式所产生的冰作用力和破碎频率都高于弯曲破碎形式。

　　固定结构物分近岸重力式结构物和近海柔性结构物。港口工程中的高桩、防波堤、直立钢筋混凝土码头、人工岛均为重力式结构物；而石油平台、海上风力平台或塔、近海灯塔等为柔性结构物。前者导致冰层冰破碎不能引起自身结构振动，后者导致冰层破碎，同时引起自身结构振动。简单地讲，前者是冰对结构物作用，后者是冰与结构物相互作用。

　　目前，冰区重力结构物的抗冰设计理念是当运动流冰作用到结构物时，流冰所具有的动能以结构物和冰块的变形来消耗。如果流冰块的动能很小，它撞击结构物后，停止运动，结构物潜在变形和流冰块局部破碎消耗能量；如果流冰块的动能足够大，它撞击结构物后，流冰块可以连续破碎，并继续前行。结构物被流冰块撞击时的冰作用力为流冰块的动能与结构物潜在变形之比；而流冰块连续破碎时的冰作用力为冰极限破坏强度与它在结构物上作用面积之积，前者的冰作用力小于后者。结构物抗冰设计的冰力取值决定于流冰块在结构物前以哪种形式存在，然后以存在形式可能对结构物产生的最大作用力为依据，并考虑结构物寿命所需要的最小安全系数。

　　现有的冰区海洋平台结构设计规范给出了平台结构抵御极值静冰力的设计和校核方法。这种设计方法提供了在极端冰况下平台结构的安全保障，也是海洋平台结构设计首先要满足的强度设计条件。然而，海冰与平台结构的相互作用过程中，更多的情况表现为海冰破碎与平台结构的耦合动力作用。因此，基于静力/拟静力的设计方法，平台结构设计过程将动冰荷载进行拟静力等效。所设计出的平台结构在运行过程中也易出现冰激振动现象。这也表明这一设计理念已经不能完全满足平台结构抗冰振性能的需要，而必须依据当地冰情冰况，采用动力设计方法，将动冰荷载应用到新型经济性抗冰平台结构的设计之中。这就需要在平台结构满足结构性能要求的前提下，增加平台结构选型、海冰与平台结构相互作用过程中的冰激振动响应及冰激振动响应下平台结构的安全评价等分析工作。

5.4.3　海冰工程安全保障措施

在渤海复杂多变的海洋环境荷载作用下，海冰对海洋平台的作用力巨大，并且作用力的形式、大小与海洋平台的结构形式、海冰的物理特性均有直接关系，当作用力的大小超过其最大承受极限能力时，海洋平台就会有失稳乃至倾覆的风险。

如何保障海冰工程安全，需要遵循海冰工程环境条件，采取减轻冰对结构物作用力的结构或者非结构措施。其中共性的保障技术主要如下。

改变冰层破坏方式，降低冰破坏对结构物的作用力。冰的压缩强度是弯曲强度的 3 倍左右，因此将直立结构物更改为倾角小于 60°的斜面锥体或者斜面墙结构物，这样可以保证冰层以弯曲形式破坏。渤海海洋工程采用的有斜面防波堤和正倒锥导管架平台。最常见的是破冰船水线附近具有一定倾角。另外，减少结构物同冰层的接触面积也是防止冰作用力的有利方式之一。例如，中国渤海潮差较大，因此在潮差范围内，结构物不设置过多的桁架。

破冰船属于主动破冰的浮式结构物，其为了提高破冰等级，除了增加船体的整体抗冰强度外，还要加大动力。另外，为了防范溢油风险，船体需制作成双壳。

实践中非结构措施有气泡幕和冷却热水排放。在营口鲅鱼圈码头可以利用其附近火力发电厂的余热；在红沿河核电厂的取水前池，可以利用电厂冷却水预热反馈给取水口附近的局部区域来降低结冰程度。

总之，利用结构物或者冰层特点，降低和减小冰层对结构物作用力的保障技术取决于实际工程的具体条件，应因地制宜、就地取材。

思　考　题

1. 简述选择直立式和斜面式抗冰结构物形式的利弊和原因。
2. 简述冻融灾害的防治技术和方法。
3. 简述风吹雪常见的防治技术和方法。

第6章
冰冻圈变化与工程服役性

本章主要从冰冻圈各要素的变化入手,对气候变化影响下冰川、积雪、冻土、河湖(水库)冰和海冰长期变化和未来变化趋势进行分析。同时,从冰冻圈各要素形成的灾害和工程的特点,简单阐述冰冻圈变化对工程服役性的影响。

6.1 冰川、积雪变化与工程服役性

气候变化下冰川积雪会发生较大的变化,特别是冰川积雪灾害风险增大,对工程服役性产生较大的影响。本节简要介绍青藏高原和天山的冰川变化趋势,并选择重点地区讨论冰川灾害对典型工程服役性所带来的影响。同时,重点介绍新疆和东北的积雪变化特征和趋势,选择重点区域讨论风吹雪对道路工程服役性的影响。

6.1.1 气候变化下冰川、积雪变化特征及其趋势

1. 观测到的冰川变化

中国冰川主要分布在青藏高原、天山、祁连山,阿尔泰山有少部分。20 世纪 50 年代后期以来,大部分冰川面积减小,厚度减薄,物质亏损,区域分异明显;2000 年以来,冰川呈加剧变化态势。

1970~2000 年,冰川面积平均年退缩比例青藏高原为 0.31%,青藏高原东部最高,帕米尔地区最低,由南北向内部减缓(Yao et al.,2012)。天山外支为 0.38%~0.76%,中天山为 0.15%~0.40%,东天山为 0.05%~0.31%,阿尔泰山为 0.65%~0.95%。

2000 年后,冰川面积退缩比例在青藏高原和天山大幅度增长,但在帕米尔高原和昆仑山有所减缓,部分冰川有所前进;阿尔泰山与之前大体相当。

同时,冰川厚度总体减薄,物质负平衡加剧。喜马拉雅山和天山山区减薄最快,青藏高原东部居中,其内部和西部以及帕米尔地区趋于平衡状态。2000 年以后,冰川负平衡加剧,如乌鲁木齐河源 1 号冰川 1997~2008 年年均物质亏损量是 1959~2009 年的 2.65

倍，七一冰川、小冬克玛底冰川、抗物热冰川 2000～2010 年年均物质负平衡分别是之前的 29.0 倍、3.0 倍和 1.4 倍（图 6.1）。

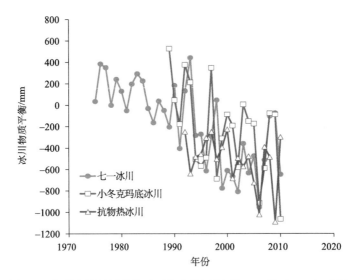

图 6.1　典型冰川观测的物质平衡变化过程[据 Yao 等（2012）改绘]

根据第二次冰川编目的初步资料统计，自第一次冰川编目（1970 年左右）之后到 2008 年，对青藏高原及其相邻地区冰川进行统计，总计冰川条数由 41119 条变为 40963 条，减少了 156 条；冰川面积从 53005.11 km^2 退缩为 45045.2 km^2，平均退缩了 15%（刘时银等，2016）。其中，在统计的冰川中，1970～2008 年共计已有 5797 条冰川消失，总面积为 1030.1 km^2；有 2425 条冰川发生分离，分解成 5441 条冰川，但冰川面积从 14033 km^2 退缩为 12026 km^2，退缩了 14.3%。

2. 未来变化趋势

如果 20 世纪气候变化趋势继续，冰川和径流在未来几十年里可能会继续减少。目前，能清晰阐述未来冰川将如何变化的研究仍然不多，特别是由于气候变化预估的不确定性、黑碳和冰碛物等因素综合影响，未来冰川变化及其影响评估不确定性问题将仍然十分严重。

利用 CRU 格点气候数据和 CMIP5（coupled model intercomparison project phase 5）多模式数据驱动改进的基于冰川物质平衡对气温变化敏感性的物质平衡模型，预估到 21 世纪末，全球除冰盖外的冰川将进一步处于物质平衡减少状态，在 RCP2.6 情景下，全球冰川的物质平衡为海平面上升相当量 148±35 mm、RCP4.5 情景下为 166±42 mm、RCP6.0 情景下为 175±40 mm 和 RCP8.5 情景下为 217±47 mm，包括我国冰川在内的亚洲地区的冰川也将处于持续的负物质平衡状态。

对未来我国冰川变化影响的预测表明，诸多受冰川融水补给河流的径流量在 21 世纪将有显著变化。天山北坡玛纳斯河流域，在 RCP4.5 和 RCP8.5 情景下，到 2100 年冰川面积平均剩余 25%和 10%；2050 年左右径流量达到峰值，比基准期（1981~2000 年）分别增加 30%和 44%，而后回落（季漩，2013）。天山南坡台兰河流域，在 21 世纪中期和末期，黄河和长江径流较基准期（1981~2000 年）呈增加趋势，预估增幅分别为 28.9%和 41.5%。黄河、长江的流量和年过程都将发生相应的变化。

SRES A1B、A2、B1 情景下，叶尔羌河年径流量到 2050 年持续增加，2011~2050 年平均值高出 1961~2006 年平均值 13%~35%；而北大河年径流量将在 2011~2030 年达到顶峰。季节特征也会有所改变，叶尔羌河夏季径流量将显著增加，5 月和 10 月的冰川融水量有少量增加，北大河晚春和初夏径流量将显著增加，7 月和夏末冰川径流量将显著减少。到 2050 年长江源区的冰川面积将在 1999~2002 年的基础上减小 8%，冰储量将减少 11%左右，而源区冰川径流量相对于 1961~1990 年均值增加 25%~30%。流域尺度上，预估在 SRES A1B 情景下， 长江中上游流域冰川径流量 2046~2065 年十年均值在 2000~2007 年年均值的基础上下降 5.2%，雅鲁藏布江径流量减少达 19.6%。

假定温度增加 0.17℃/10a，降水维持不变，2040 年以前，模拟不同规模的冰川径流，发现乌鲁木齐河源 1 号冰川将缓慢退缩，2040 年以后，退缩加速。因冰川规模差异，模拟的冰川径流与升温速率有密切关系，表明冰川规模变化的预估需要加以考虑。中国大型冰川的数量占总量的 5%，而其面积则占全国冰川总面积的 55%以上，未来更需关注大型冰川的变化。

6.1.2 冰川、积雪变化对工程服役性的影响

受气候变化影响，全球冰川处于持续后退的态势，冰川退缩进一步加快。在冰川分布相对集中的高亚洲地区，冰川快速消融导致的冰川洪水、冰湖溃决等冰川灾害出现的概率增加，重大灾害频繁发生。据统计，20 世纪 60 年代至 2010 年喜马拉雅山地区已有 20 余次较大的冰碛湖溃决灾害事件发生，其中 3/4 发生在我国西藏境内。

冰川普遍退缩使冰川灾害事件增多，引起水资源供给、洪水、冰雪灾等环境灾害问题，也导致了线状工程的破坏。与雪、冰和冰川有关的灾害，通常不太引人注目，但是冰雪灾害地区累计的损失却相当大，严重威胁山区与下游地区的工程服役性。预计随着气候变暖，在今后 30~50 年我国西部山地的冰川洪水和冰川泥石流灾害将随着冰川融水径流的增加而增多，还可能形成若干新的灾害点。所以，冰川分布密集的青藏高原及新疆地区的重大工程区和经济开发区，要特别重视对冰川灾害的研究和监测，确保工程安全和工程的长期服役性。

气候转暖引起冰川、积雪产生较大的消融洪水，引发冰碛湖和冰湖溃决洪水，影响区域内水电站、公路或铁路路基和桥梁等工程构筑物的稳定性，使工程服役性发生变化。水电站和公路、铁路、桥梁，依据工程服役性时间设置洪水设防标准，但对于冰川、积

雪影响区，由于冰川和积雪灾害形成的洪水原有的设防标准已无法满足工程服役性的要求，因而需要对该区域冰川和积雪灾害形成的规模、影响范围等给予准确认识。为保证工程构筑物的安全运营，应定期对水电站和公路、铁路沿线的冰川和积雪灾害进行系统评估，确定气候变化下工程服役性的影响。

6.2 冻土变化与工程服役性

气候变化所导致的多年冻土变化增大了冻土工程风险，对工程服役性造成了较大的影响，对于青藏高原、东北大小兴安岭、天山等地区的道路工程、输电线路以及东北的输油管线工程等，气候变化均会引起多年冻土区工程服役性的变化。同时，富含冰的高寒山地地区的多年冻土变化导致大量冻融灾害，特别是热融滑塌、冻土滑坡等热融灾害，也导致山区多年冻土工程稳定性发生显著变化，影响工程的长期服役性。

6.2.1 气候变化下冻土变化特征及其趋势

1. 观测到的冻土变化

青藏高原现存多年冻土为末次冰期以来气候变化的产物，其总体上处于退化中。冻土地温高、厚度小、热稳定性差、对气候变化敏感性强。目前，冻土正处在加速退化阶段，并呈现强烈时空分异。冻土退化表现为冻土升温、减薄、范围缩小或消失，以及冻土上限下降、下限抬升等。

青藏高原冻土地温年平均曲线基本上呈退化型，在年变化深度附近大多转为过渡型地温曲线。21 世纪以来，地温升温率为 0.02~0.07℃/a，冻土已进入区域性加速退化阶段。在高温冻土区内多处出现不衔接冻土；气候变暖已影响到低温（<–1℃）冻土层 60 m 深处。

近 30 年来，冻土上限一般加深了 25~50 cm，个别高温少冰冻土类地段可达 70~80 cm。多年冻土大面积退化，在多年冻土边缘地带，冻土上限增厚更大。融区范围不断扩大，一些地段冻土层呈垂向上不衔接现象。青藏高原冻土下界普遍升高 40~80 m，青藏公路岛状冻土南下界北移 12 km、北下界南移 3 km；青藏高原东部玛多县附近岛状冻土界线西移 15 km，青藏高原冻土总面积逐渐缩减。兴安岭高纬度冻土也呈现出升温、减薄趋势，个别地段冻土消失。综合各类数据表明，我国冻土退化显著（表 6.1）。

1990~2010 年，新疆天山地区乌鲁木齐河源活动层厚度增大了约 35 cm，各个深度上冻土温度升高了 0.4~0.9℃。近 30 年来，我国东北大小兴安岭地区多年冻土呈现显著的区域性退化，活动层厚度增大了 20~40 cm，年平均地温升高 0.1~0.2℃。气候变化影响下，活动层内土体冻融过程发生了显著变化，地表下 0.5 m 土体起始融化过程时间介于 4 月 25 日~5 月 11 日，融化过程持续时间为 172~185 天，平均融化时间为 179.5

表 6.1　中国多年冻土变化

类型	1960～2010 年平均升温趋势/（℃/a）			多年冻土面积/万 km²		
	气温	地表温度	浅层（<20 m）地温	周幼吾等（2000）	王涛（2006）	Ran 等（2012）
高纬	0.038	0.049	0.02～0.06	39	29	24
高原	0.025	0.030	0.02～0.05	150	126	105
高山			0.03～0.05	26	20	30
总计				215	175	159

注：该表为不同时期不同研究者统计的结果；冻土面积计算方法不同，不能直接用于面积变化的对比分析。

天左右。冻结和融化衔接时间为 2 月 11 日～3 月 15 日。青藏公路沿线多年冻土活动层厚度变化介于 132～457 cm，空间和时间上平均值约为 241 cm，其他场地资料给出的青藏高原活动层厚度介于 105～322 cm。在气候变化影响下，青藏公路沿线多年冻土监测场地活动层厚度处于持续增加过程，活动层厚度平均增大了 67 cm，增加率为 2.1～16.6 cm/a，平均增加率为 7.5 cm/a，其他场地活动层厚度增加率约为 4 cm/a。

在过去的几十年来，多年冻土出现了显著的升温，20 世纪 70～90 年代季节冻土和岛状多年冻土年平均地温（地表下 12～15 m 深）升高了 0.3～0.5℃，大片连续多年冻土年平均地温升高了 0.1～0.3℃，1996～2001 年多年冻土上限附近温度升高了 0.1～0.7℃。近 10 年来，多年冻土呈现出更明显的升温趋势，多年冻土上限附近温度升温速率达 0.06℃/a，6 m 深多年冻土年平均温度升高了 0.12～0.67℃，升温速率为 0.01～0.06℃/a，平均达 0.04℃/a。青藏高原多年冻土温度在空间上和时间上也表现出显著的差异，中高山区低温多年冻土区，多年冻土升温速率达 0.055℃/a，而谷地和高平原高温多年冻土区，多年冻土升温速率为 0.023℃/a。多年冻土的相变过程显著地影响了多年冻土对气候变化的响应。很明显，青藏高原活动层厚度和多年冻土温度显著大于我国其他多年冻土区的变化，对气候变化的响应区域差异显著，在空间上和时间上呈现出相反的变化趋势，可能局地因素起到了重要的作用。但是气候因素，如气温和降水，也控制着多年冻土温度和活动层厚度的变化。从活动层厚度变化与夏季浅层土体平均温度统计关系来看，活动层厚度变化与夏季土体平均温度（6～8 月）的升高有密切关系，与冬季土体平均温度（12月至次年 2 月）变化关系不显著。近 10 年间，青藏公路沿线四站（五道梁、风火山、沱沱河和安多）气温升高了 0.6～1.6℃，这一升温幅度足以引起多年冻土升温，但夏季降水增加和冬季降雪对 6 m 深多年冻土温度、温度距平和温度升温速率等有一定减缓作用。6 m 深多年冻土温度升高主要在春夏季节较为显著，但青藏公路沿线四站冬季气温平均升高了 2.9～4.2℃，考虑到气温对 6 m 深的多年冻土的影响一般要滞后 6 个月左右，因此，冬季气温升高是多年冻土升温的主要原因。

2. 冻土变化趋势

若气温以 0.058℃/a 的速率升高（SRES A1B 气候变化情景下），到 2050 年，青藏高原冻土面积将减少 39%，21 世纪末将减少 81%，平均年退化速率约高达 1 万 km²；到 2030～2050 年，0.5～1.5 m（现在）的活动层将增厚到 1.5～2.0 m，2080～2100 年到 2.0～3.5 m。若气温以 0.044℃/a 的速率从 1981 年升高到 2100 年，活动层将以 1.5 cm/a 的速率增厚，季节冻结深度以 3.4 cm/a 的速率减薄；活动层和季节冻土 1m 深度冻结时间分别缩短 9.7 天和 8.6 天，冻结始日分别滞后 3.8 天和 4.0 天，冻结末日分别提前 5.9 天和 4.6 天。在 SRES A1F1 及 B1 气候情景下，到 2049 年冻土活动层将增厚 0.1～0.7 m，到 2099 年将增加 0.3～1.2 m；岛状冻土区的活动层增厚比连续冻土区显著；青藏高原东北和西南部最显著。

在东北地区，若未来气温以 0.048℃/a 的速率递增，目前地表温度+0.5℃ 和−0.5℃ 的区域，50 年和 100 年后，冻土面积将由现在的 25.7 万 km² 各减至 18.4 万 km² 和 12.9 万 km²。稳定型（年均地温≤−1.0℃）冻土面积由现在的 10.7 万 km² 分别减少至 8.8 万 km² 和 5.6 万 km²；不稳定型（>−1.0℃）多年冻土和季节冻土面积将增加；东部退化幅度强于西部。冻土南界将显著北移，岛状冻土南界将接近现今岛状融区不连续冻土南界；后者冻土分布进一步离散化，变为岛状不连续冻土区；大片连续冻土区将变为岛状融区或岛状不连续冻土区。

21 世纪，中、西部山区冻土下界将升高 100～200 m 或更多，较低山区（如五台山、秦岭等）多年冻土或将消失。其中，海洋性气候区的冻土退化将更强烈、快速，但这方面研究仍处于空白。

6.2.2 冻土变化与工程服役性

在气候变化和工程活动影响下，多年冻土将显著退化，活动层厚度增加、冻土地温升高、地下冰融化和厚度减薄等，诱发大量的冻土不良地质现象，严重影响工程服役性。

工程服役性是指在工程的设计服役期限内，通过维修养护，工程整体功能状态在允许变形范围内所维持的服务状态。气候变化加剧基础设施的脆弱性，对工程构筑物造成超出正常条件和使用预期的额外压力。与气候变暖有关的近地表多年冻土层融化增加是基础设施破坏增加的一个主要原因。冻土融化和随后的地面沉降，特别是在富冰冻土区，会对建筑物、公路、铁路、管道和油气基础设施产生负面影响。在青藏高原和大小兴安岭，高温多年冻土近期融化的风险最大，低温多年冻土长期风险较大。气温升高也改变冻融循环频率，影响基础设施稳定性和脆弱性。随着气候持续变化，基础设施的破坏程度以及维护、更换和适应建筑环境的成本预计将增加。在气候变化背景下，评价冻土工程服役性需要研究量化气候变化对多年冻土区的基础设施的潜在影响，更全面研究公共基础设施清单和环境压力之间的关系、基础设施的寿命及相关的增量变化的资本、运营和维护成本。

在多年冻土区，气候变化引起路基下部多年冻土融化下沉、路基开裂等，使工程病害增多，要维持路基工程服役性，需付出较大的代价对路基工程进行维修养护。同时，冻土融化导致热融滑塌和冻土滑坡等冻融灾害风险增大，特别是在中高山区工程影响范围内，冻融灾害对工程安全运营的影响风险增大，威胁工程服役性。在各种气候变化背景下，气温升高和降雨增加，增大了冻融循环作用对路面车辙的影响程度。因此，保证路基工程服役性，冻融循环和降水相关的适应成本将大幅增加。气候变暖导致高温多年冻土退化为季节冻土，然而多年冻土退化过程较漫长，路基土体融化固结排水难以在短期内完成，路基土体处于长期不稳定变形中，工程服役性难以维持。同时，气候变化也导致低温冻土转为高温冻土，由路基下部冻土的压缩变形和蠕变变形导致的路基变形长期处于不稳定状态，需要花费更高的维修养护成本来维持工程服役性。

多年冻土变化与工程服役性的关系较为复杂，需要准确预测气候变暖背景下多年冻土变化及其冻融灾害，同时预测工程下部多年冻土变化及其引起的工程病害，并结合工程服役年限和工程维修养护，综合分析工程服役性的适应成本。

6.3 河湖（水库）冰变化与工程服役性

6.3.1 气候变化下河湖（水库）冰变化特征及趋势

全球气候变暖可以减轻河湖（水库）的冰情，但河湖（水库）冰情在减轻的同时，也变得不稳定，即冰期缩短、冰发生冻结—融化、再冻结—再融化的反复。部分冰灾害的产生不是冰期长、冰温低和冰厚度大，而是冰情不稳定造成的。例如，黄河（内蒙古段）是冰凌灾害发生的高频区。

一般来讲，中国黄河（内蒙古段）受蒙古高压控制，冬季严寒而漫长，结冰期长达4～5 个月。近年来，受全球气候变暖和人类活动的影响，黄河（内蒙古段）冰情出现一些新的特征。近 50 年来，虽然在个别年份出现了冷冬，但冬季气温呈明显的上升趋势。气温的升高导致黄河（内蒙古段）冰期缩短，产冰量减少，冰厚变薄。2013～2014 年冬季气温明显高于历年，流凌日期较往年推后 15 天，冰期缩短将近 20 天。同时，河道建筑物的作用，使得卡冰位置、封河形态都发生较大的变化，冰情呈现出新的特征。气温的升高导致整个冰期缩短，冰厚变薄；产冰量的减少，使得封河位置向下游移动；河道中公路桥、铁路桥及其他河工建筑物的存在导致卡冰结壳的发生，使得封河过程出现分段封河的现象；上游水库、水闸等河道控导工程对封河流量的控制导致封河过程更加平缓；下游水库（万家寨水利枢纽）的建设，使上游河道流速变小，产冰量增加，原来的不封冻河段变成封冻河段。气温升高使得封河位置下移，封河时下游段极易发生冰坝、冰塞；开河时，上游和下游同时开河，中游段因流量增大，易形成卡冰结坝危险。

6.3.2　河湖（水库）冰变化对工程服役性的影响

凌汛灾害根据成因可以分为冰塞灾害、冰坝灾害、冰体压力和流冰撞击灾害。河冰演变过程往往会发生各种危害，静冰通过冰体压力、自重或冻结过程而对结构物和人类活动造成危害；流冰通过撞击、冰块堆积、堵塞河渠形成危害。例如，水域中的建筑物，结冰时能产生很大的膨胀压力导致结构物破坏进水；泄水闸门因冻结影响闸门启闭；流冰对桥墩、码头、引水建筑物及河、渠护岸的冲击破坏；流冰和冰盖影响水上航运，使河、渠过水能力减小，直接影响航运、桥梁、发电、给排水等工程的建设和管理运用；冰凌受阻，堆积形成冰塞或冰坝，使上游水位升高，淹没滩区土地、村庄，威胁堤防，甚至造成决堤漫溢，使人民生命财产及工农业生产遭受严重损失。

目前，应对黄河冰凌的成功方法较多，其中修筑大堤、兴建大型调节水库结构物可以增强其抗冰作用，减轻冰凌灾害的影响。从冰与结构物作用角度来看，对于依据极限冰荷载设计且无结构物变形疲劳破坏的工程结构物，在气候变暖和流凌多次撞击的影响下，工程服役性基本不受影响；但是，对于有结构物变形疲劳破坏可能性的工程结构物，工程服役性会受影响，流凌多次撞击缩短了结构物寿命。冰凌对土石防堤的作用，工程服役性概念不太适用。对于水库混凝土大坝而言，抗冰设计使用重现期概念，流冰冲击不能引起破坏；只有水库护坡，因为抗冰设计等级低，冰层反复升降温易引起冰层膨胀，可以导致护坡砌块反复被破坏。冰道、冰雕均是季节性的结构物措施，也不能使用工程服役性概念。

6.4　海冰变化与工程服役性

6.4.1　气候变化下海冰变化特征及趋势

工程海冰需要的指标依据与海冰要素的长期变化有关。工程海冰要素包括冰期、冰密集度、流冰速度、冰厚度、冰温度以及冰物理和力学性质。目前，在北冰洋海冰要素中，可以通过卫星遥感支持的冰工程要素有：大尺度的冰密集度和冰厚度时空变化、大尺度的依靠卫星遥感和数值模拟的海冰运动。工程区域尺度的海冰工程要素还很少公开，北极地区已建海洋和海岸工程的结构物抗冰设计要素基本没有公开。

北冰洋海冰最大面积变化趋势和最小面积变化趋势都是海冰工程的关注点，因为北冰洋夏季航行关注的是夏季面积的变化，而北冰洋固定式结构物的安全运行关注冬季最大面积。当然具体到流冰运动影响范围的工程区域海冰的变化才是具体工程的核心。因此，尽管北极海冰夏季的面积在减少，但是对于工程而言有两种不同情况；如果是夏季在北极航行，北极海冰减少，便于船舶航行且航行期增长；如果是北极冰区固定式结构物，就每年总有时间处于冰区中。厚冰层相对运动如果能够造成结构物损坏，其发生的时间比冰期远远短得多。因此，这类工程结构物的抗冰效果，特别是考虑到冰要素的不同重现期，仍然没有明显变化。

渤海附近的冬季温度决定了渤海海冰的面积和厚度。因此，全球气候变暖意味着渤海海冰分布面积和厚度均有所减少（和减小）。但是突发性的气温剧降又能够使得渤海海冰范围突增。随着气候变暖，渤海沿岸固定冰比例减少，流冰比例增加。冰厚度也因冬季负积温的增加而减小，强度随冰温的升高而降低。

6.4.2　海冰变化对工程服役性的影响

目前，中国制造业能够建造工程装备，但中国自主设计的较少。渤海海冰工程是随着中国工业的发展而发展的。在近期，港口新建和扩建仍然占有一定比例，海上风电发展势头提升。由于渤海海冰的流速较快，结构物设计以考虑冰层破碎的极限荷载为依据，然后耦合了冰层破碎频率给结构物带来的疲劳破坏，加之设计冰层参数选择了固定冰的厚度和温度，因此计算的冰荷载相对安全。另外，由于设计冰厚需要的不同冬季实测冰厚度值来自于历史观测数据，这些数据并不是气候变暖后的海冰厚度数据，所以以统计得到的不同重现期冰厚度会比气候变暖后实际重现期的冰厚度值偏大，结构物设计也偏安全。综上所述，在全球气候变暖背景下，渤海海冰变化对渤海冰区海洋和海岸工程的影响较小。

以往渤海海冰工程因考虑海冰运动速度较大，抗冰结构物以冰层破碎的极限荷载为设计依据。工程海冰设计参数也以侧重使用沿岸观测的固定冰数据为依据。随着渤海海冰固定冰比例的减小和工程结构物向远离海岸发展，流冰参数将引入冰工程设计中，特别是以动力撞击的设计理念在一些有海岸或者防波堤遮护的工程区域给予考虑。但对于渤海和黄海北部海洋养殖业和捕捞业而言，近岸浮冰比例增加引起浮冰对养殖业结构物的反复作用。这种抗冰等级偏低的结构物，如养殖池和渔船，会受到浮冰撞击的影响，使结构物的运行存在风险。

思　考　题

1. 简述气候变暖引起的中国北方河冰和渤海海冰防灾减灾的工程措施趋势。
2. 思考气候变化对多年冻土工程服役性的影响及其对社会经济发展的影响。
3. 春季气温升高对河冰开河方式有什么影响？并阐述对河岸岸堤稳定性的影响。
4. 结合气候变化，论述冰川跃动灾害对工程稳定性和服役性的影响。

第**7**章
冰冻圈重大工程案例

本章主要介绍各种类型工程与冰冻圈诸要素相互关系的一般性原理,重点介绍北极地区、俄罗斯和我国青藏高原、大小兴安岭多年冻土区的重大工程,如公路、铁路、输油管道、海洋(冰)、输电线路工程等,以说明北极地区公路和青藏高原公路等著名冰冻圈工程的成就。

7.1 公 路 工 程

7.1.1 公路工程的特点

公路工程作为穿越多年冻土区的线性工程,一般以路基形式通过,并辅以桥梁、隧道和涵洞工程。一般公路工程线路较长,穿越不同的多年冻土类型区,如穿越多年冻土和季节冻土区、低温冻土和高温冻土区,也穿越低含冰量冻土和高含冰量冻土区。多年冻土区修筑公路工程,将改变地表能量平衡状态,从而引起路基下部冻土温度和冻土人为上限的变化,造成工程稳定性的变化。然而,由于多年冻土区修筑公路路面类型的差异,如沥青路面、混凝土路面、砂砾路面等,其地表能量平衡差异对其下部冻土产生不同的热影响,导致路基产生不同的热力稳定性。沥青路面和混凝土路面属于封闭型路面类型,其路面结构阻碍了大气与下部土体的水热交换过程,这种路面类型对下部多年冻土具有较强的热影响。砂砾路面由于是透气型路面类型,路面结构有利于大气与下部土体水热交换。与沥青路面相比,砂砾路面对路基下部多年冻土的热影响较弱。

路基冻融作用的影响和路基下部冻土变化,导致路面材料和路基极易发生冻胀和融化下沉变形,如路面横向裂缝和纵向裂缝等、不均匀沉降变形等。多年冻土区,一般公路路基病害以融化下沉变形为主,如青藏公路大约85%的路基变形属于融化下沉变形,仅15%左右为冻胀变形和冻融翻浆破坏。另外,多年冻土区也极易产生热融沉陷、热融湖塘、热融滑塌等冻融灾害,对路基工程产生较大的影响。同时,在积雪发育的地区,特别是风吹雪或暴风雪发育的路段,冬季公路工程的服役性将会受到影响,严重者将会导致公路封闭，如新疆天山暴风雪或风吹雪公路封闭长达半个月甚至 3 个月之久。另外，在冰冻圈影响区域内，公路工程需要考虑冰川积雪消融洪水、冰川泥石流等冰雪灾害对桥梁、涵洞影响的设防标准。

目前，国内外冻土区存在较多著名的公路工程，如穿越北极地区的美国的道尔顿（Dalton）公路工程和横穿俄罗斯西伯利亚的公路工程、穿越中国青藏高原的公路工程等。鉴于多年冻土地区公路工程的特点等，本节重点介绍砂砾路面的北极地区公路和沥青路面的青藏公路。

7.1.2 北极地区公路工程

在北极地区开展经济建设和矿产资源开发，先后开展道路基础设施建设和运行。道尔顿公路是美国在北极地区最为著名的公路，从费尔班克斯北部的艾略特（Elliot）到普拉德霍湾（Prudhoe Bay）油田和北冰洋附近的戴德霍斯（Deadhorse），与阿拉斯加输油管道平行，全长 666 km，是美国唯一穿越北极圈的公路，大部分路段采用砂砾路面。加拿大北极地区公路，邓普斯特（Dempster）公路是加拿大连接育空到因纽特、马更些三角洲西北地区的公路，冬季依靠马更些三角洲的冰路延伸 194 km 到加拿大北部海岸的 Tuktoyaktuk。公路全长为 736 km，是加拿大唯一穿越北极圈的公路，大部分路段采用砂砾路面，可减少后期的运营维护成本和抵御多年冻土融化下沉的影响。

加拿大邓普斯特公路位于加拿大西北部，是一条非铺装道路（砂石路），设计时速为 90 km/h，大致呈东北—西南走向，由育空地区的 5 号公路（YT-5）和西北地区的 8 号公路（NWT-8）组成，公路始于育空地区道森市以东约 40 km 的克朗代克公路，终于西北地区马更些三角洲附近的因纽维克，全长大约 736 km，其中育空 5 号公路长度约为 465 km，西北地区 8 号公路长度约为 271 km。公路沿途跨越的较大河流有皮尔河（Peel River）和马更些河（Mackenzie River），分别采用季节性轮渡和冰桥的形式通过。全线最高海拔约为 1289 m。

1. 沿线多年冻土及地质灾害特征

邓普斯特公路是迄今最靠北的一条公路，几乎所有的公路都修建于多年冻土区，环境条件为其带来了大量挑战。邓普斯特公路沿线年平均气温为–11.6～–4.2℃，夏季年平均气温为 10.4～15.6℃，冬季年平均气温为–29.7～–18.9℃。夏季降雨为 56～243 mm，冬季降雪为 94～304 cm。除河床和湖塘区域，整个邓普斯特公路都为连续多年冻土（Burn et al., 2015），公路沿线多年冻土厚度一般大于 100 m，尤其是在北部区域。其年平均地温在–3.8～–1.2℃变化，平均为–2.5℃。活动层厚度在 40～130 cm 变化，平均为 80 cm。

邓普斯特公路沿线冻融灾害和地质灾害较为发育，主要来自于山地地形和多年冻土两类。在相对狭窄的山谷地带，泥石流等带来的堵塞物会聚集在公路路基旁；在临近水道的地方，路基还会受到洪水的侵蚀，降水较大时期危害较大，同时多年冻土的不可渗透性加剧了危害。在冬季，出流的地下水也会因为难以下渗而导致广泛的河流结冰、涵洞阻塞，并且在水位超过路堤时还会导致公路路面结冰。邓普斯特公路全线多年冻土地温基本高于-4℃，且多年冻土含有大量地下冰，对气候变化或地表变化较敏感。地表冰椎发育，堵塞涵洞和阻碍排水。当涵洞被结冰堵塞时，洪水还可能冲刷并损害路基。富冰冻土路段发现大量的热融沉陷和融沉。湖泊热喀斯特发展导致湖岸向道路逼近，道路路基受到湖泊的显著影响，需要持续维护才能保持安全通行。滑坡、泥石流或路基坍塌较为发育，降水较大时，多年冻土的不可渗透性导致水分难以迅速入渗，山体滑坡和泥石流就会阻塞道路。在暴雨和随之而来的河水暴涨时，洪水及其挟带的碎石泥沙会对河岸产生剧烈的侵蚀，并进一步危及依附于河岸存在的道路和桥梁。

2. 公路工程设计

冻土地区工程设计通常考虑三个条件：①冻结作用；②排水情况；③地面热状态。邓普斯特公路所用的大部分路基材料都不易受冻结影响。主要的辅助结构，如桥墩、桥台和涵洞的设计可以将冻结和热影响降至最低。

公路排水结构是必不可少的，因为积水会导致多年冻土退化而沉降。在邓普斯特公路建设中，使用了大量涵洞进行导向排水，避免自然排水；同时，采用了沟渠和河道导流结构来减少土壤侵蚀。这些设计原则旨在保护多年冻土，避免出现热沉陷。

路面宽度为 7~8 m，取决于路基高度、水平曲线的锐度以及其他因素。1970 年后修建的碎石路基最低高度是 1.4 m，这一路基高度可以有效保护多年冻土。在道路使用过程中发现，在排水不畅或过于潮湿的地段，低于 1.6 m 的路基状况表现较差。边坡坡度在 1.5∶1（路基高于 3 m）和 3∶1（路基低于 1.5 m），开凿于岩石上的边坡坡度为 0.25∶1。涵洞直径为 0.76~4 m，旨在消除可能的结冰阻塞情况和路基变形导致的路基段面变窄情况。涵洞用于低矮平坦的地形或自然排水不畅的地方。小尺寸的涵洞一般采用波纹管，大尺寸的涵洞一般采用波纹钢板管。为了充分利用流量特性并提高排水效率，一般采用不同形状（圆形、椭圆拱形）的涵洞来减少结冰状况。当涵洞尺寸较长时，会在中间放置一个反向弯曲部分，以应对路面下沉时出现排水管下垂，并防止在涵洞内积水。在预计沉降的情况下，涵洞也会高架于沟渠上方。

7.1.3　青藏公路

青藏公路东起青海西宁，西止西藏拉萨，全长 1937 km，全线平均海拔在 4000 m 以上。本书青藏公路主要是指格尔木至拉萨段，全长 1139 km。1954 年慕生忠将军带领部队历时一年修建了简易砂砾路面，通车后冻胀、翻浆和融沉严重，道路经常中断。1978

年格尔木至拉萨段改扩建，1984 年全线建成通车。由于冻土问题和青藏铁路修建，青藏公路历经数次改建和整治工程，是目前世界上海拔最高、线路最长并铺设沥青路面的三级公路，沿途穿越草原、盐湖、戈壁、高山、荒漠、冰川等景观。

1. 多年冻土分布及特征

青藏公路穿越 630 km 长的多年冻土区，沿线西大滩、昆仑山北坡岛状多年冻土下界处海拔为 4150～4250 m，昆仑山北坡下界处海拔为 4350 m （砂砾石）。唐古拉山南麓安多岛状多年冻土下界处海拔为 4537 m，大致与年平均气温-3～-2℃等值线相当。唐古拉山南麓安多的大片多年冻土区下界处海拔为 4730 m，大致与年平均气温-3.6℃相当（砂砾石）。

青藏公路沿线多年冻土年平均地温和冻土类型空间分布结果表明，年平均地温在-0.5～0℃极高温多年冻土区路段为 150 km，占多年冻土区全长的 28%；年平均地温在-1.0～-0.5℃高温多年冻土区路段为 125 km，占多年冻土区全长的 23%；年平均地温在-1.5～-1.0℃高温多年冻土区路段为 141 km，占多年冻土区全长的 26%；以-1.5℃为界，划分高温多年冻土总长度为 416 km，占多年冻土路段全长的 77%。高含冰量冻土类型（富冰冻土、饱冰冻土、含土冰层）路段为 310 km，占全长的 58%。

2. 工程设计与冻融灾害防治措施

青藏公路穿越多年冻土区，需从路线设计开始，通过合理确定线位，慎重选择方案，主动保护冻土条件等，这体现了多年冻土区公路设计的特殊性，确立了多年冻土区公路路线设计的指导思想。①青藏高原生态环境十分脆弱，生态环境破坏的同时将加剧冻土环境的变化，因而青藏公路工程设计的重要指导思想之一是保护生态环境；②多年冻土区公路工程稳定性与多年冻土直接相关，青藏公路工程设计的重要指导思想之二是采取措施，严格以"宁填勿挖、保护冻土"为原则；③根据多年冻土温度、含冰状态，确定路基合理高度。

青藏公路多年冻土区路基设计原则经历了三次大的变革，20 世纪 70～80 年代提出的"宁填勿挖、保护冻土"原则，一般为保持冻结和允许融化两种设计原则，路基设计遵守保护冻土原则，尽量避免"零"填和浅挖，并根据多年冻土条件确定路基最小填土高度。90 年代，针对青藏公路穿越的多年冻土工程地质条件特征以及青藏公路的运行状况，提出了"保护冻土、控制融化速率"原则，进一步对路基最小填土高度进行优化，提出了路基合理高度。2000 年以来，根据青藏公路路基稳定性与地温关系的实际状态，提出了以冻土年平均地温-1.5℃，将公路路基划分为高温和低温多年冻土两种状态分别进行路基设计，并考虑冻土含冰量条件，提出"保护冻土、控制融化速率、允许融化及综合治理"的综合设计原则。因此，为研究多年冻土区路基病害的治理措施，青藏公路设计了保温隔热路基、保温护道路基、热棒结构路基、块石结构路基、碎石护坡路基、通风管结构路基、遮阳板结构路基和以桥代路等保护冻土的技术措施，并开展了相应的试验研究，以及冻土温度和路基变形监测，取得非常重要的第一手数据。

3. 冻土变化与工程稳定性

青藏公路修筑后，由于沥青路面吸热效应的影响，路基下部多年冻土上限深度逐年增大，但其增大幅度存在较大的差异。中高山区低温多年冻土（年平均地温<−1.5℃）上限增加速率变化范围为 2.1～9.4 cm/a，平均值为 4.8 cm/a。谷底和高平原区高温多年冻土（年平均地温>−1.5℃）上限增加速率变化范围为 17.4～25.8 cm/a，平均值为 22.5 cm/a。低温多年冻土区修筑沥青路面近 35 年来，上限加深最大仅 23 cm，显示增加热阻、加高路基可保证路基稳定。近十几年来，青藏公路路基下部冻土温度持续升高，12 年间 6 m 深冻土年平均温度升高了 0.2～0.96℃，平均升高了 0.44℃。路基下部冻土温度变化趋势具有一定的区域差异性，在中高山区低温多年冻土升高幅度小于谷底和高平原区高温多年冻土，这一特征在唐古拉山以北是符合的，但是唐古拉山以南地区可能还受到其他因素的影响和控制。

受多年冻土变化影响，青藏公路路基稳定性受到极大的影响，路基变形与多年冻土的热稳定性有密切关系，当年平均地温高于−1.5℃时，路基变形速率达到了 4～10 cm/a，当年平均地温低于−1.5℃时，路基变形小于 4 cm/a。高含冰量多年冻土（体积含冰量>25%）发生融化常导致较大路基沉降，且与多年冻土融化速率成正比，说明较大的路基变形以冻土融化为主要的变形源。青藏公路路基沉降量超过 2.0 cm/a，路基处于不稳定状态。路基变形随年平均地温升高而增大，当年平均地温高于−1.5℃时，年平均地温升高引起路基强烈的变形，但当年平均地温低于−1.5℃时，年平均地温的变化对路基变形的影响减小。

和砂砾路面相比，铺设沥青路面具有较强的吸热效应，从而对沥青路面下多年冻土产生较大的热影响，多年冻土上限下降，冻土温度升高，地下冰融化，引起路基产生融化下沉变形。据统计，83.5%的路基破坏为融化下沉，16.5%为冻胀翻浆，桥梁和涵洞的破坏形式主要为冻胀。冻融作用引起的路基病害主要有路面病害和路基病害，其中路基病害与冻土有密切关系。路基病害主要包括：路基的横向倾斜变形，阳坡路基变形过大而引起的纵向裂缝与路基开裂、纵向凹陷与波浪沉陷。据 2005～2006 年病害调查统计，青藏公路多年冻土路基沉降变形病害约为 19%，以轻度和中度沉降变形为主，约占全部沉降变形病害的 84%，重度沉降变形占 16%。路基纵向裂缝病害率为 18%，以中度和重度纵向裂缝为主，占全部纵向裂缝病害的 91%。

7.2 铁 路 工 程

7.2.1 铁路工程的特点

和公路工程一样，铁路工程也是穿越多年冻土区的线性工程，一般以路基形式穿越多年冻土和季节冻土。但因多年冻土影响、重要工程构筑物和工程服役性设计年限等差异，一般铁路构筑物考虑的工程服役性使用年限为 50~100 年，因此，多年冻土区铁路设计考虑工程使用年限和线路纵坡，会选择较公路工程多的构筑物形式，如桥梁、涵洞和隧道等。修筑路基不可避免地改变了地表的能量平衡状态，和公路沥青路面、混凝土路面和砂砾路面热影响不同的是，铁路铺设一定厚度的道砟层。传统道砟层具有保证轨道安全平稳行驶、排水和缓冲、减震的作用，可有效防止铁轨下土壤松散，减轻轨道冻害和提高路基承载能力。由于多年冻土区修筑铁路路基的热扰动，压实和干燥的路基填土打破了地表与大气的热平衡状态，不可避免地造成路基下部多年冻土热稳定性发生变化，导致路基下部冻土温度升高、地下冰融化等，从而产生冻融病害，影响铁路路基稳定性。

目前，多年冻土区建设有多条重要的铁路工程。俄罗斯穿越多年冻土地区的"横贯西伯利亚"铁路，从莫斯科出发到太平洋海岸的符拉迪沃斯托克，是世界上最长的连贯铁路，全长 9446 km。我国在大小兴安岭地区多年冻土区修建两条主要铁路干线，牙林线和嫩林线。穿越多年冻土共有 800 km 左右，西北地区有三条铁路，其一是青海海西热水专线，其二是穿越天山的南疆铁路，其三是穿越青藏高原 550 km 多年冻土区的青藏铁路。

北美铁路网主要分布在多年冻土区的南部，但在马尼托巴和魁北克多年冻土地区也建立了干线，开发林莱克及谢弗维尔的矿业，并且保持丘吉尔港与南方铁路的联系。White Pass 及育空铁路为斯卡圭到怀特霍斯提供了便利。位于北欧的芬兰和挪威两国计划在北极圈内修建一条铁路，连接挪威希尔克内斯口岸与芬兰罗瓦涅米市，打通芬兰现有铁路网至北冰洋的交通运输线。外界认为欧洲"北极走廊"计划初见雏形。

7.2.2 青藏铁路

青藏铁路东起青海西宁，南至西藏拉萨，全长 1956 km，被誉为"天路"，是实施西部大开发战略的标志性工程、新世纪四大工程之一。青藏铁路西宁至格尔木段 814 km，已于 1979 年铺通、1984 年投入运营。青藏铁路格拉段东起青海格尔木，西至西藏拉萨，全长 1142km，其中新建线路 1110 km，途经纳赤台、五道梁、沱沱河、雁石坪，翻越唐古拉山，再经西藏安多、那曲、当雄、羊八井到拉萨。其中，海拔 4000 m 以上的路段

960 km，多年冻土地段 550 km，翻越唐古拉山的铁路最高点海拔 5072 m，青藏铁路是世界上海拔最高和冻土路段最长的高原铁路，已于 2006 年 7 月 1 日全线通车。

青藏铁路建设面临着生态脆弱、高寒缺氧和多年冻土三大世界铁路建设难题。青藏铁路在设计时就注意尽量减少对生态的影响。为保护野生动物，铁路沿线修建了 25 处野生动物迁徙通道。青藏铁路建设，沿线冻土、植被、湿地环境、自然景观、江河水质等得到了有效保护，青藏高原生态环境未受明显影响。

青藏铁路穿越多年冻土区长度为 632 km，大片连续多年冻土区长度约为 550 km，岛状不连续多年冻土区长度为 82 km。其中，多年冻土年平均地温高于–1℃的高温冻土路段长约 275 km，高含冰量冻土路段长约 231 km，其中高温高含冰量重叠路段长约 134 km（吴青柏等，2003）。在气候变化和工程活动的热影响背景下，应解决青藏铁路冻土路基稳定性难题，高温高含冰量冻土路基是多年冻土难题中最困难的。在气候变化和高温高含冰量的复杂工程背景下，青藏铁路设计提出了冷却路基、降低多年冻土的设计新思路，采取了调控热的传导、对流和辐射的工程技术措施，较好地解决了青藏铁路工程建设的冻土难题。

1. 工程设计与冻融灾害防治技术

为了应对全球气候变化和工程影响，解决高温高含冰量路段的冻土路基稳定性问题，青藏铁路设计提出了冷却路基、降低多年冻土温度的设计新思路，以积极主动保护多年冻土为设计原则，变"保"温为"降"温。通过路基工程结构形式调控路基热传导、对流和辐射，改变进入路基土体及其下部的热量，减少夏季进入路基的热量（减少吸热），增加冬季进入路基的热量（增加放热），使年内冬季放热量大于夏季吸热量（Cheng et al.，2007）。这一设计思路已全面应用于青藏铁路工程设计和施工中，有效地解决了高温高含冰量冻土的路基稳定性问题。

大气通过传导、对流和辐射三种热量传递方式与土体间发生热交换，因此，可在路基表面或路堤本体设置工程措施调控热量的传导、辐射和对流，改变或者减少进入路基的热量，降低路基下部多年冻土温度，抬升多年冻土上限（马巍等，2002）。目前，青藏铁路广泛采取了热管结构路基和热管与保温材料组成的复合路基结构，较大地提高了热管结构抵御气候变化的能力（程国栋等，2009）。同时，采取通风管结构、碎（块）石护坡结构、块石基底路基结构和"U"形块石路基结构调控路基或路基边坡表面或者路基内部的热对流，强化冬季进入路基的热量，达到降低路基及其下部土体温度的目的。碎（块）石护坡、块石基底路基结构为冷却路基的主要工程措施，已在青藏铁路多年冻土区被广泛使用。综合调控措施主要联合调控热的传导、辐射和对流的工程措施，达到降低土体温度的作用。"以桥代路"措施为综合调控措施，它可以起通风和遮阳的作用。

2. 冻土变化与工程稳定性

块石基底路基具有较好的冷却路基、降低多年冻土温度的作用。2005～2008 年，路基下部，土体年平均温度降低了 0.7℃左右，甚至 10m 深多年冻土也处于降温状态。数值模拟结果显示，50 年气温升高 2℃，在年平均气温低于–3.5℃或天然地表低于–1℃的地区，块石基底路基仍可有效地保证路基下部冻土的热稳定性（赖远明等，2003）。然而，块石基底路基在低温冻土区，冷却路基作用较强，路基下部冻土热稳定性较好；但在高温冻土区，冻土上限在抬升的同时，下部冻土温度在升高，冻土热稳定性相对较差，但路基总体比较稳定（吴青柏和牛富俊，2013）。

块石（碎石）护坡结构对路基下部多年冻土的保护作用比块石路基结构要差，但是仍具有较好的降低多年冻土温度和抬升多年冻土上限的作用。非正线铁路实验段研究结果表明，2005～2007 年块石（碎石）护坡可使路基下部 1.5 m 深度以上的土体年平均温度降低大约–0.2℃，多年冻土上限抬升达到 1.13 m 左右，目前块石（碎石）护坡的长期作用尚难以评估。

热管路基结构在青藏铁路中广泛使用，对路基下部的多年冻土起到了较好的降温作用，显著地抬升了多年冻土上限。热管路基结构下部多年冻土上限平均抬升量可达 1.5～2.5m。在年平均地温为–1℃的地区，气温 50 年升高 1.0℃，热管路基可以抵消气候变暖的影响。考虑 50 年气温升高 2℃，采用保温板和热管的综合措施，可以起到良好的保护冻土的工程效果。

主动冷却路基是高温冻土区工程建筑应对全球转暖的有效措施，但主动冷却路基措施在工程实际应用效果和工程造价上存在着较大的差异，工程造价有时往往制约着主动冷却路基工程措施的实施方案。主动冷却路基措施的选择可根据气候变化和工程热扰动对多年冻土变化的影响，以及工程造价和应用效果综合比较来确定（程国栋等，2009）。然而，由于旱桥和热管路基具有较高的工程造价，对于高温高含冰量路段（冻土年平均地温为–1～–0.5℃），在风向垂直路基走向的路段，可采用通风管路基来降低路基下部多年冻土温度；在风向与路基走向不垂直的路段，可选用块石基底路基或者"U"形块石路基，这样可较大幅度地降低工程造价。对于低温高含冰量多年冻土路段（冻土年平均地温为–2～–1℃），可供选择的工程技术措施较多，应根据实际情况综合选择较为经济的工程措施。然而，由于多年冻土路基具有较强的"阴阳坡效应"，工程技术措施中需要考虑减弱"阴阳坡效应"的复合措施。

7.2.3　贝阿铁路

贝阿铁路全名贝加尔-阿穆尔铁路，全长 4234 km，是苏联为第二次世界大战前远东的紧张局势以及 20 世纪 70 年代中苏重兵对峙局势抢建的战略性铁路。其经济意义主要是为开发苏联东部地区提供有利条件，为改善苏联东部地区铁路运输能力不足状况而开辟的东出太平洋的第二通道。

由西伯利亚铁路泰舍特出发，在布拉茨克过安加拉河，在乌斯季库特过勒拿河，在北贝加尔斯克经过贝加尔湖北端，在阿穆尔河畔共青城过黑龙江，终点是鞑靼海峡上的苏维埃港。21 座隧道总长 47 km，4200 座桥梁总长超过 400 km。从泰舍特到塔克西莫 1469 km 为电气化铁路，在腾达与阿穆尔-雅库茨克铁路干线相交会。

19 世纪 80 年代，该线路是西伯利亚铁路远东段的选线方案之一。20 世纪 30 年代初期，泰舍特至布拉茨克动工建设，当时这段铁路并未称为贝阿铁路。贝阿铁路是指西伯利亚铁路在贝加尔湖以东的复线建设工程。1945 年，确定了现今的贝阿铁路的选线设计，其承担重轴原油列车运输任务。新建乌斯季库特至阿穆尔河畔共青城段长 3145 km，其中 65%建在多年冻土地带。贝阿铁路穿越外兴安岭山脉，需要开凿众多长、大隧道。贝阿铁路于 1984 年 10 月 27 日底竣工，于 1985 年通车。然而，到目前为止，很多配套工程仍未完工，复线和电气化建设也尚待进行。1996 年，贝阿铁路独立运营结束，以哈尼站为界，分别划归东西伯利亚铁路局与远东铁路局。

贝阿铁路建设工程地貌复杂，气候恶劣，沿线基本上都是人迹罕至的未开发地区，自然条件很差。贝阿铁路 2/3 修建在多年冻土地带，1/3 修建在地震活动频繁地区，有 700 km 林间沼地，120 km 滑坡地段，100 km 被冲刷的河岸，600 km 冰椎地段，360 km 雪崩区段，330 km 冻土和地震均有的区段。多年冻土带给施工带来种种困难，夏天冻土带表层开始融化，坚硬的道路逐渐变成一片泥浆。

1. 贝阿铁路工程设计

在多年冻土区道路工程建设中，为确保路基路面具有足够的强度和稳定性，修筑路堤和提高路堤高度是一种常用的方法。多年冻土天然上限附近存在着厚层地下冰，由于其埋藏浅，所以极易受各种人为活动影响而融化。路堤高度较小时，人为冻土上限低于天然冻土上限，易造成天然冻土上限处的富冰冻土和厚层地下冰融化，路基产生不均匀沉陷。提高路堤高度，可增大路堤顶部和地下水及路堤侧向地表积水间的距离，从而减小冻结过程中水分向路堤上部的聚集数量，使冻胀性减弱，翻浆的可能性和程度变小。同时，提高路堤高度可使冻土上限附近的地下冰到路面的垂向距离增大，使从路堤上界面向地中传递热流的过程中热阻增大，因而原上限处地温年较差减小，到达原上限处的热流变小，冻土原上限处对于气候变化的反应就更迟缓，从而更有利于地下冰的保存。

20 世纪 70 年代末期建成的新西伯利亚铁路贝阿铁路干线通过多年冻土带 3500 km 以上。块石路堤应用于俄罗斯多年冻土区的贝阿铁路路基工程中。在复杂的冻土条件下，修建路堤护道并不一定能增大路堤稳定性。只有在路堤表面各处的年平均土温低于天然条件下多年冻土年平均地温时，护道才能对其基底的多年冻土起冷却作用。反之，当路堤表面各处的年平均土温高于天然冻土的年平均地温时，则基底冻土将从路堤护道获得附加热量而使护道基底多年冻土上限下降和年平均地温升高，或使整个路堤下的融化盘增大。

在贝阿铁路干线复杂冻土条件下，可选择利用遮阳防雨棚来预防融区发展。遮阳防雨棚可在几年内使路堤温度降低 3～5℃。在不考虑全球气候增暖趋势的前提下，当靠山一侧地表水和冻土层上水不能渗入基底富冰冻土层中时，利用遮阳防雨棚的遮阳、防雨和防雪的功能，可以完全消除基底富冰冻土层的退化引起路堤发生的融沉变形。遮阳防雨棚是预防铁路路堤发生热融沉陷破坏的一种最简便可靠的措施。主动控制地温的措施主要包括调控热传导和对流的具体技术。块石气冷路基和块石（碎石）护坡是运用块石（碎石）堆砌体冬季蓄冷、夏季隔热的二极管效应而应用在贝阿铁路的融沉性富冰和多年冻土地区。

2. 贝阿铁路病害特征

贝阿铁路约 1/3 的路段产生病害，线路冻土病害为 27.7%，后贝加尔铁路线路病害率达 40.5%，其中不均匀沉降约占 20%。贝阿铁路病害与施工有直接关系，该铁路修建时直接在铁路两侧进行挖方填筑路堤，使得冻土层暴露出来或使冻土层上覆土层较薄，冻土环境遭到破坏，因此多年冻土区段出现大量路基病害，线路破坏严重。

1984～1990 年，贝阿铁路路基变形数量增加了 4 倍，每年增长幅度为 25%～53%。1981 年线路出现 738 处路基变形，总长 224.2 km；1989 年线路出现 3645 处路基变形，总长为 1138.9 km；1990 年变形线路长达 1154 km，即实际上有 1/3 的线路路基需要治理和进行大修，路基变形病害包括冻胀、沉陷及边坡失稳。

在贝阿铁路干线勘测设计时，根据传统的最大限度保护冻土生存条件的原则，设计了铁路路基必需的填土厚度。从 1989 年起，贝阿铁路沿线出现了气候变暖现象，使铁路路基下部的多年冻土层普遍发生融化退缩，以致路基变形，以及冷生作用（冻土现象）和斜坡作用活化与其他人工构筑物变形等。

贝阿铁路路堤沉陷的原因主要是基底冻土路基靠山一侧地貌凹陷处渗水，在热作用下冻土融化，以及路堤本身对底层土产生热作用，这个过程与基底多年冻岩层天然上限下降有关。近些年来，路堤高度导致路堤沉陷越来越频繁。凹地路堤填土面增大，导致对底部岩层热影响加大，排水沟不能将砾石下面暗藏的死水坑中的积水排净。

为了预防类似现象发生，腾达冻土研究站、中央运输工程科学研究院、哈巴罗夫斯克铁道工程学院和则可铁路局工务处都建议用泥炭或其他土质把热岩溶洞和路堤坡脚处的低凹地填起来，阻止多年冻岩体的进一步融化，降低底层土体温度，保证路基地表水和地下水排泄畅通。

7.3 输油管道工程

7.3.1 输油管道工程的特点

依据输油管道工程的敷设方式差异，冻土与输油管道相互作用关系和作用特点存在显著差异。从输送油品（原油和成品油）的特点、管道安全运营和经济角度考虑，输油管道需要在一定的油温条件下进行输送，包括等温管道和热油管道两种输送方式。然而，无论何种输油方式，输油管道内均存在内热源，输油管道采用埋地式敷设方式，将会对冻土和管道变形产生较大的影响。

冻土区原油在运输过程中，管道系统会与周围冻融土体发生复杂的水、热、力作用，以至影响油气的物理性质，造成运输速度减缓、管道破坏等不利现象。输油管道内油品温度较高时，可能造成管道周围冻土融化下沉，管道下沉变形，甚至断裂；同时，管道热量损失会导致油体温度降低、黏度增加和抽吸能耗，以至流速减小，严重时会发生凝管事故；在负温下输油管道周围的冻土就会发展，融土区内就可能形成冻结圈，产生冻胀变形，管道受到冻胀力作用而产生变形和破坏。如果设计中没有充分考虑这些作用，管道就有可能变形、断裂。管道位于季节活动层内，自然条件下的冻融作用会使管道系统与土体的相互作用更为复杂，其作用性质、类型与地、气温度的季节性变化密切相关。融沉、冻胀变形、冻胀力作用及流体冷凝冻结等都有可能引起管道破坏，发生原油泄漏事故，破坏生态环境。因此，在冻土区，埋设管道在设计时必须考虑管道系统与周围土体之间相互的水（冰）、热、力耦合作用，以保障工程的安全可靠性。

防治寒区管道工程冻害常见的基础设计方法如下：①选线避让或减少冻融灾害；②施工前从热力或力学方面对沿线岩土条件进行改造；③设计的管道基础可以承受热状况变化所导致的岩土荷载或位移（变形）；④管道运营期间将岩土热状况及变形控制在可承受的范围内。首先，管道线路选择时应尽量绕避高含冰量冻土。无法绕避时，通常采用挖除融化不稳定性冻土，并用融化稳定性好的砂砾石回填。其次，通过增加管道的壁厚，实现增加管道的允许变形量。冻土融沉防治技术总的原则是保护、预先融化和控制融化多年冻土；冻胀防治原则则考虑切断导致显著冻胀的主导因素。在季节冻土区和多年冻土区的融区地段，自然环境的季节性降温和管道负温油流常常会使输油管道周围土体冻结而产生强烈冻胀。防治冻胀主要采取预防低温冻结（如深埋、热管）和防止水分迁移的措施，可采用导流、高管基、管道基础防水等，使地表水体和地下水远离管道基础，或采用非冻胀敏感性土（砾石、块石、粗砂等）换填等。

美国、加拿大、俄罗斯和中国在多年冻土区修筑了几条输油（气）管道，主要包括美国阿拉斯加管道、加拿大诺曼威尔斯管道、俄罗斯西伯利亚天然气管道网、青藏高原格尔木－拉萨（格拉）成品油管道。

7.3.2　阿拉斯加输油管道

阿拉斯加石油天然气输油管线主要分为两条陆上运输路线：一条是通过加拿大给美国本土的 48 个州提供石油天然气的路线；另一条是贯穿阿拉斯加的输油管线系统（TAPS）。在这两条总体输油路线上，贯穿阿拉斯加的输油管线系统以及加拿大境内向美国本土输送天然气的管线（以运输来自加拿大西部沉积盆地的天然气）是现存的，其余三条均为规划管线。

贯穿美国阿拉斯加的输油管线系统于 1974～1997 年建设，输油管线系统将石油天然气从阿拉斯加北部的普拉德霍湾输送到东南部的瓦尔迪兹港口。输油管道全长 1287 km，管道内径为 1219 mm，管壁平均厚度为 156 mm。从普拉德霍湾到瓦尔迪兹港口，全线可装满 906 万桶原油，最大设计和运营压力为 8.14 MPa。沿途有 12 个泵站，其中 2 号、6 号、8 号、10 号、12 号泵站已经关闭，5 号泵站已经不具有泵送能力，仅作为救济站；如果 11 个泵站正常运营，输油管道最大日运输量为 213.6 万桶。原油以 3.7 英里①/h 的平均速度穿过输油管道，从普拉德霍湾到瓦尔迪兹港口需要 9 天的时间，原油在穿过每个泵站进口和出口时的温度存在差别。

1. 管道沿线多年冻土特征及其对工程的影响

阿拉斯加输油管线系统途经连续多年冻土区和不连续多年冻土区。在气候变化影响下，连续多年冻土区冻土温度上升，上升幅度达 2～4℃；不连续多年冻土区冻土温度变暖与大气温度变暖趋势相一致，多年冻土南界在最近一个世纪内向北移动。在最近 50 年时间里，连续多年冻土区浅层多年冻土从 20 世纪 70 年代开始变热，深部多年冻土则从 50 年代就已经升温；对于不连续多年冻土区，近地表多年冻土从 20 世纪 70 年代开始升温，升温速率为 2℃/30a。不管是最北端还是最南端，多年冻土都处于升温趋势。但即使温度升高，多年冻土依然保持稳定，原因在于地表有机层的隔热保温作用以及活动层的热量抵消。

从 1992 年开始多年冻土下限抬升，这说明该地区多年冻土底部开始融化，多年冻土下限（0℃等温线深度）随时间变化，多年冻土年平均融化速率为 4 cm。

根据阿拉斯加输油管线系统沿线的多年冻土温度监测资料，沿线绝大部分地段出现不同程度的多年冻土表层温度上升、多年冻土下限抬升的现象，因此多年冻土出现差异融沉，所产生的不均匀剪切应力将导致输油管线出现损坏，对输油管线的稳定性、工程服役性产生影响。

---

① 1 英里=1.609344 km。

2. 管道建造技术和方法

原油以 3.7 英里/h 的平均速度穿过阿拉斯加输油管线系统，从普拉德霍湾到瓦尔迪兹港口需要 9 天时间。原油在穿过每个泵站进口和出口时的温度存在差别。75%的阿拉斯加输油管线系统建立在多年冻土区之上，特殊埋设和地上敷设就是为了适应潜在不稳定、富冰多年冻土。全线大约有 676km 输油管线位于地表以上，605 km 采用传统埋设，6.5 km 采用特殊埋设。在多年冻土区铺设输油管线，无论是埋在地下还是敷设在地面以上，都具有一定的挑战性。

阿拉斯加输油管道主要采取三种埋设方式，即传统埋设、特殊埋设和热学垂直支撑构件。传统埋设[图 7.1（a）]，一般用于地基条件比较好的地段，如季节冻土区、多年冻土区的河流和湖泊融区以及冻结基岩地段，传统埋设的埋深一般为地下 0.9～3.7 m。特殊埋设[图 7.1（c）]，主要使用隔热保温和冷却管系统，一般埋设于不稳定融化区、富冰冻土地段。管道在埋设前经过特殊保温处理，使管道和接触土体之间实现隔热保温和冷却降温，确保管道热稳定性。在北部地区，这些管道埋设部分采用保温层，管沟里铺设泡沫板保温；在南部冻土带边缘，这种特殊埋地管道两侧用有热管的热学立式支架来保护多年冻土。立式支架主要由 457mm 钢管构成，在管道沿线每隔 50～70 英尺[①]成对使用。

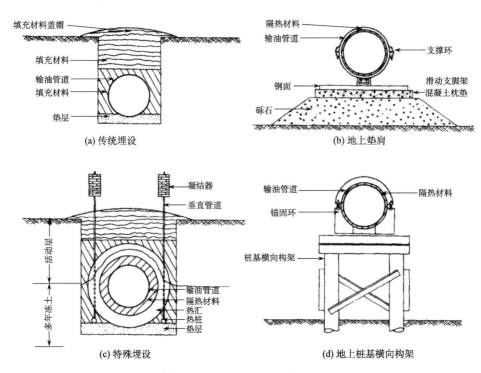

图 7.1 输油管道埋设方式 （金会军等，2005）

---

① 1 英尺=0.3048 m。

每对立式支架有一个钢制马鞍状横梁相连，且有一个聚四氟乙烯底座可以使其在收缩和地震活动的情况下进行侧向运动。在立式支架外管壁上压制波纹，这样做的目的是降低管道产生显著以及不可逆扭曲变形的可能性。立式支架直接置于多年冻土上，与多年冻土不直接接触，该技术主要被用来抑制温热原油对冻土区产生热扰动，起到保护冻土、增强输油管线稳定性的作用。

地表敷设一般用于富冰高温冻土区，其主要目的是避免输油管线向周围环境散热，造成冻土融化而失去支撑能力，其选择将管道架设在立式支架上。为了避免地震、管道热胀冷缩和冻胀对管道造成的影响，管道一般敷设成"Z"形，这样可以使管道在受这些因素影响时保留一定活动空间，确保管道安全。热学立式支架有与埋设于多年冻土上相同作用的特制护套和可以抵抗地震、雪崩和车辆撞击的防撞板。热学立式支架绝大多数是在地上敷设，每个立式支架中有两根直径为 51 mm 的钢管，从基座地面以下延伸到铝制散热器集合顶部，这些管道中含有无水氨制冷剂，这种制冷剂能从多年冻土中带走热量，并在不需要任何动力控制系统的状况下产生降温作用。

图 7.2 为插有热管的热桩，它可以有效减小垂直支撑构件（VSM）的设计长度。由于大部分输油线路修筑于地表以上，为了防止热量散失引起下伏冻土变化，管道外层的保温措施起到重要的作用，地上管道外使用约 95 mm 的玻璃纤维包裹，最外层为电镀钢板，从而保证输油管道内的温度。

图 7.2　输油管道插有热管的热桩

所有类型的输油管线都需要经常清洗，并检查是否存在管壁腐蚀，从而保证输油线路在管道服役期内安全使用并尽可能延长使用寿命，增强其稳定性。

3. 输油管线的使用寿命

使用寿命指从持续运营中获得经济效益的时段，在这期间管道可以安全运营，不会对环境造成危害。通过对输油管线实施经常性的适当维修和修复,阿拉斯加输油管线系统的实际使用寿命几乎是无限的。内嵌式检查工具可以检测出管道的腐蚀、变形以及沉降情况。根据评估的输油管线运输量,在未来阿拉斯加输油管线系统的经济使用寿命将会延续下去。对于持续运营的输油管线,不断评估降低寒冷区运营或地震风险影响的设计特点,在适当的时候进行恰当的升级和改善。

影响输油管线使用寿命的原因主要有以下几种。管壁腐蚀与输油管线周围的环境条件有关;疲劳应力引起裂缝是金属管道老化的潜在后果;生产和施工方法,如外力破坏,使得输油管线暴露于潜在威胁的时间增长,一般来说,外力破坏造成的损坏是局部的。

7.3.3 中俄输油管道

作为我国重要的能源工程之一,中俄输油管道在中国境内全长为 933.11 km,管径为 813 mm,壁厚为 11.9 mm(冻土区 12.5～17.5 mm),设计压力为 8 MPa(局部 10.0 MPa),设计年输油量 1500 万 t,管道敷设采用传统的沟埋敷设方式,管道在多年冻土区埋深为 1.6～2.0 m,接近多年冻土上限附近,采用常温密闭输送工艺输送俄罗斯低凝原油。中俄原油管道开通后,标志着中国四大能源进口战略通道基本成型,这对于我国能源安全具有重要的意义。

管道从东北漠河连崟口岸入境,向南依次经过大片岛状不连续多年冻土、零星分布多年冻土和深(>1.5 m)季节冻土区。其中,多年冻土区约 512 km,季节冻土区约 441 km。由于降水量较大,区域地下水位高,地表水补给和细粒土分布广泛,土的差异性冻胀融沉灾害显著且剧烈。管道沿线冻胀丘、冰椎和冰皋等不良冻土现象广泛分布,对管道的安全和稳定运营构成较大威胁。管道沿线的兴安落叶松、樟子松与沿线极为发育、各种类型的湿地生态系统一起构成了东北和华北最主要的生态屏障。

上述问题导致了中俄输油管道工程的设计、施工和维护面临多重严峻挑战。2007 年管道立项、勘察和设计。兴安岭-贝加尔型冻土和人类活动、气候变化、森林火灾等问题交织在一起,加上管道本身油温变化大,冻土-管道相互作用问题复杂;森林、湿地和冻土依存度高、敏感性强,只能冬季施工且沼泽和河流地段施工技术难度高;受总体造价资金限制,森林火灾风险严峻,管道设计可选择方案有限,管基稳定性的风险高。因此,在这种复杂的寒区环境下,如何安全、经济、环保地进行中俄输油管道工程的设计、施工和运营,是我们面临的首要问题。

1. 多年冻土分布和特征

管道从东北漠河连崟口岸入境,向南依次经过大片岛状不连续多年冻土、零星分布多年冻土和深(>1.5 m)季节冻土区。其中,多年冻土区约 512 km,季节冻土区约 441 km。管道沿线,高温、高含冰量冻土 119 km(占多年冻土区管道里程的 23%);岛状及零星不连续多年冻土区域宽广（管线长度 205 km，占多年冻土区段的 40%左右），多年冻土与融区频繁过渡，并分布有 50 km 左右的沼泽湿地。由于降水量较大，区域地下水位高，地表水补给和细粒土分布广泛，土的差异性冻胀融沉灾害显著且剧烈。管道沿线冻胀丘、冰椎和冰皋等不良冻土现象广泛分布，对管道的安全和稳定运营构成较大威胁。

漠河至大杨树公路沿线及邻近地区的多年冻土温度由北向南逐渐升高，厚度则沿此方向相应变薄。管道沿线季节融化深度一般为 0.5~3.0 m，最大季节冻结深度为 2.5~3.5 m。管道沿线多年冻土层上部的地下冰与土构成整体状、层状、网状、砾岩状等多种多样冷生构造的冻土。管道沿线自南向北冻土总含冰量有明显增加的趋势，在南部岛状冻土区，地下冰主要集中分布在松散沉积物中。在北部地区，地下冰广泛分布于松散沉积物及基岩风化带内，可见层状、网状、裂隙状冻土构造及纯冰层，其体积含冰量由 20%~40%变化到 80%~90%。

管道沿线对管道危害大的主要有冻胀丘和冰椎。沿线冻胀丘和冰椎，多出现于河漫滩、阶地后缘和山麓地带以及断裂带附近。冻胀丘和冰椎在形成过程中可使管道不均匀升降，导致管道翘曲变形。如果未来管道融化槽人为成为地下水通道，在地下水流不畅通地段有可能形成冻胀丘或冰椎，这种情况下对管道危害性最大。

冻土沼泽湿地是本区主要的湿地，其分布范围广。在管道沿线南部，沼泽湿地往往是多年冻土岛残留的部位，沼泽湿地表层一般为腐殖质土及泥炭层，厚为几十厘米甚至1~2 m，含冰量大，上限下甚至有不规则厚层地下冰，其是本区最差的冻土工程地质地段。如果管道位于坡上方，管道可能会因为滑塌暴露出地表；如果管道位于坡下方，管道可能会因为泥石流堆积物深埋于地下而受到危害。

在冻土区建设管道时，只要充分认识和掌握冻土分布规律及冻土层的工程地质特性，全面科学地评价工程地质条件，合理选址（线），精心勘察、设计和施工，并在设计、施工和运营中注意管理和保护寒区生态环境，就能大量减少或基本消除冻融灾害。在个别冻土环境工程地质条件特差地段，需要采取特殊工程措施，并进行长期监测，确保将工程隐患预先消除或控制在允许变形范围之内。

2. 输油管道设计和敷设

中俄输油管道选线原则主要考虑管道工程安全，除满足输油管道设计规范要求外，还需要在多年冻土特征、冻土与生态环境保护、多年冻土已建工程与新建工程的相互关系等方面加以考虑，特别是综合考虑生态环境、冻土环境与工程稳定性的关系。

管道设计需要知道在管道埋设后，管道周围岩土或工程材料与管道产生的相互作用及其对管道结构整体性、管基长期稳定性和管道系统安全可靠性，以及管道沿线环境所产生的影响，以采取相应的经济技术合理、环境友好的工程措施。工程设计上需要考虑冻土环境工程地质方面的问题。

管道设计需要综合考虑：①管道本身以及伴行的道路、站场等对冻土的水热影响，特别是，大规模的施工对植被和有机保温层的破坏与较大规模的伴行公路的施工和运营对管道附近冻土的热状况和排水条件产生的深刻而久远的影响，可能会危及管道的安全可靠性和长期稳定性，必须慎重考虑。②需要考虑换填材料的质量以及沿线材料场地的选择，甚至需要考虑冬季等严酷环境下，如何保证洁净砾石等冻胀非敏感性土的质量和处理方法。③需要考虑施工机械和人员的限制及其可能产生的环境问题，避免开挖范围过大和管沟暴露时间过久，对冻土和排水条件产生巨大的影响，这样则违背了设计中"尽力减少对冻土热影响"的原则。管沟深度和换填保温要因地制宜，适时而变。④需要考虑隔水材料和保温材料的实用性。长期在多年冻土区和经历反复季节冻结融化的土中采用隔水材料或保温材料的可靠性和稳定性目前没有可靠定论。⑤防火和泄漏紧急处理软件、硬件（含地基处理）措施应到位，且考虑冻土区原油污染的迁移、降解规律和特殊清除技术措施。

多年冻土区管道敷设技术研究，主要包括多年冻土管基利用原则研究和多年冻土区管道敷设方案研究。多年冻土管基利用原则研究涉及对多年冻土的退化预报、工程影响下冻土条件变化研究、多年冻土年平均低温测量、多年冻土类型的划分等内容；多年冻土区管道敷设方案研究涉及油温分布研究、管道运营年限内管周多年冻土的变化预测、多年冻土条件下管道受力分析、管道敷设方式研究、冻害防治措施的研究及经济技术比选等。

漠大线输油管道多年冻土地段为大兴安岭林区，其主要采取埋地敷设方式来敷设惯有管道。这有利于避免森林火灾对管道带来的灾害，有效地防止人为蓄意破坏及盗油。但是，埋地敷设输油管道与多年冻土的热交换，导致多年冻土融化，需采取工程措施处理多年冻土差异性冻胀、融沉对管道带来的灾害。同时，管道埋地敷设可能改变地下水径流，形成新的不良冻土现象。

3. 冻融灾害防治技术

对于多年冻土的埋地管道，多年冻土对管道的冻害主要包括差异性冻胀、差异性融沉、不良冻土现象导致管道出现翘起、冻土边坡失稳等给管道带来的灾害。地基土刚度的不均匀性和冻胀的不均匀性，使管道产生不均匀变形，这是导致管道工程遭受破坏的重要原因。差异性冻胀、差异性融沉主要发生在低含冰量多年冻土和高含冰量多年冻土过渡地段及多年冻土区和融区的过渡地段。对于长输油管道，为确保管道的安全，应控制差异性冻胀量和差异性融沉量在管道允许的变形范围内。其采取的措施主要有：①施工期间及施工后期，对冻土环境进行保护及植被恢复，减少施工对多年冻土的扰动。②采取融沉稳定的粗颗粒土换填管底高含冰量多年冻土、保温及增加管材壁厚等措施，使差异性冻胀量、差异性融沉量在管道允许的范围内。③增加管材壁厚，提升管道抵抗差异性变形的能力。

在多年冻土区进行管道敷设，当管底为饱冰、含土冰层等多年冻土，且融化后呈不稳定状态时，为减少多年冻土融化产生的差异性变形对管道的影响，在以上地段应采取换填管底多年冻土的处理措施。对于管底多年冻土换填厚度，主要对方便施工、减少对多年冻土的破坏、多年冻土上限等进行综合考虑确定。①对于多年冻土区，为减少对多年冻土的扰动，应尽量减少管沟挖深。在土体冻结时，水分向冻结锋面迁移和冻结，使土中水分发生重分布。由于多年冻土上活动层的冻结是在上、下两个方向进行的，所以在多年冻土上限附近土壤含水量较大，冻胀及融沉也较为严重。因此，在多年冻土区，应保证管道埋在多年冻土上限以下，漠大线高含冰多年冻土的上限为 1.0～1.6 m，因此建议漠大线管道埋深为 1.5 m。②换填粗颗粒土厚度的确定：换填厚度主要考虑在不进行分台阶开挖的情况下挖掘机的挖掘深度，目前挖掘机能高效挖掘的深度为 3.5 m 左右，若超过 3.5 m，不但要分层开挖，而且对冻土破坏大，开挖进度慢，影响项目工期。因此，建议换填厚度为挖掘机的挖掘深度-管径-管道埋深，一般情况下为 0.5 m。③粗颗粒土要求：粗颗粒土的水分迁移能力取决于它的粉黏粒含量。在充分饱水条件下，粗颗粒土的融化下沉系数随着粉黏粒含量的增加而增大。为保护管道防腐层，粗颗粒土的最大粒径不应大于 2 cm。

7.4　海洋（冰）工程

7.4.1　海冰工程的特点

北极地区主要是指北极圈（66°34′N）以北的区域，包括北冰洋和 8 个环北极国家（加拿大、丹麦、芬兰、冰岛、挪威、瑞典、俄罗斯和美国）的北方领土。近年来，世界不同组织机构对该地区的油气资源进行了如火如荼的调查评估，尽管评估结果显示北极油气资源的储量相当可观，但是要对北极油气资源进行大规模开发，则会遇到众多技术上的困难。较早参与北极海上油气资源开发的埃克森美孚公司总结得出，在极地地区钻井存在路途遥远、生态环境脆弱、温度超低、浮冰、冰山、极夜、暴风雨/雪、永久冻土、地震等挑战。下面就这些挑战进行详细的阐述。

（1）超低温、浮冰、冰山等带来的挑战：北极地区 1 月平均气温−40～−20℃，而气温最高的 8 月，平均气温也只有−8℃。北冰洋海域的表层广泛覆盖着海冰，冬季海冰最大覆盖面积占北冰洋总面积的 3/4，即使在暖季，海冰最小覆盖面积也接近 1/2，另外还分布着冰山、冰岛。北极地区常年存在的超低温和多浮冰环境给极地钻井作业带来了严峻挑战，如海洋浮式装置的特殊防寒抗冰设计、运营和维护存在困难，钻井设备和工具机械性能降低，钻井管柱易发生脆性破坏，钻井液性能发生变化，隔水管容易被浮冰破坏，作业人员无法在露天环境下正常作业等。

（2）风、浪、流等带来的挑战：随着近年来海冰面积和厚度的减小，极区表面波强度已经显著增强，尤其在极区的冰缘区和副极区的冰水交界处，波浪引起的力是海冰运动的主要作用力之一。同时，由于极地海水的密度和盐度随深度变化较大，极地海域的内波和海流以及引起的流体混合对极地海洋的循环和热动力学起到重要的作用。表面波、内波和海流的传播和变化不仅影响海冰的运动和分布，而且对工作在其影响区域内的船舶和海洋平台也将产生严重的环境载荷。北极海域的风、浪会引起浮式结构物大移位，导致隔水管发生变形和涡激振动，因此对隔水管抗疲劳强度设计提出了更高要求。当环境载荷超出隔水管作业极限载荷时，需要断开隔水管系统和水下防喷器的连接。悬挂隔水管的动态压缩也可能造成局部失稳，增大隔水管的弯曲应力和碰撞月池的可能性。

（3）暴风雨/雪带来的挑战：极地低压等会引起强烈的海洋暴风雨/雪，对海洋平台或船舶等产生极大的破坏作用。其除了影响平台或船只的安全作业、定位能力外，还会快速地在平台上形成大量的积冰、积雪等，影响平台上人员的安全，并对平稳性有较大影响，迅速降低平台的有效可变载荷。历史上出现过由此引起的平台或船只失稳或倾覆的情况，有的钻井平台/船只需要快速地排除钻井泥浆、钻杆等可变载荷来保证平台或船只的安全。这对极地钻井装备对海洋暴风雨/雪的预测及快速撤离危险海域提出了更高的要求。

（4）路途遥远、极夜带来的挑战：北极地区是世界上最偏远的地区之一，人迹罕至，物资供应极其困难，难以为石油钻探提供稳定可靠的后勤保障。另外，北极和南极都有极昼和极夜之分，一年内大致连续六个月是极昼、连续六个月是极夜。极夜对海上油气勘探生产作业带来极大的不便，对海上作业人员的挑战也极大。

（5）脆弱的生态环境带来的挑战：北极地区生态环境脆弱，钻井过程中一旦发生井喷，钻救援井和海上溢油回收都十分困难，如出现漏油则极易对当地生态环境带来极大破坏。特别在冬季，该地区缺少光照，气候严寒，对漏油的吸收降解能力将更加困难。

（6）冻土带来的挑战：在极地冻土层钻井过程中，低温环境会改变钻井液的流变性，因此需要研究在低温下具有较好抑制性的钻井液体系，尽量降低钻井液的凝固点。另外，钻头破岩过程中产生的热量会使井底升温，导致冻土层软化，造成井壁坍塌，给钻井安全带来严重挑战。

7.4.2　北极运输保障

2016 年 11 月，韩国大宇造船顺利建成全球首艘北极 LNG 船"Christophe de Margerie"号。这艘 17.26 万 m³ 的 LNG 船将于 2017 年 1 月底交付至船东 Sovcomflot 公司。"Christophe de Margerie"号具有 Arc7 冰级符号，能在冰厚达 2.1 m 的冰区航行，船首和船尾均覆盖了 70 mm 厚的钢板，可承受−52℃温度。目前，韩国大宇造船还另有 14 艘北极 LNG 船建造订单，这些船建成后全部将用于服务俄罗斯的 Yamal LNG 项目。"Christophe de Margerie"号是 Sovcomflot 公司下单建造的唯一一艘船，其他 14 艘船的船东分别是商船三井（3 艘）、Teekay 公司（6 艘）和 Dynagas 公司（5 艘），已在 2020 年陆续交付完毕。

2005 年三星重工运用自己的技术开发了世界上首个结合破冰和运输货油两个功能的 70000 t 破冰油轮，并且在 2005 年收到 Sovcomflot 公司为瓦兰代港口运输的 3 艘双向推进破冰穿梭油轮的设计建造订单。这也是韩国造船企业第一次进军全球破冰油轮市场。2009 年，3 艘船舶都交付成功。2006 年，三星重工开始研究高性能破冰油轮。一系列具有相同船尾，但首部不同的船型被研发设计出来，并通过模型试验对其性能进行了评价。其中，在芬兰阿克北极科技有限公司和三星重工船模水池分别进行了冰区和开阔水域试验。2006 年 7 月，三星重工和芬兰阿克北极科技有限公司合作，对为喀拉海域研制的船型进行了冰区模型试验。其测试的目标是找到尖瘦型船首和双尾吊舱式船尾的最优设计，并且要满足俄罗斯船级社 LU7 等级要求：在不低于 8.75 m/s 航速下能打破 1.67 m 厚度的冰，其中包含 20 cm 厚度的雪，并在不同冰区条件下，对满载、压载工况时的正车和倒车运行进行相同的试验。2014 年 7 月，三星重工从欧洲地区的船东处获得 3 艘破冰油轮订单。2014 年 10 月 7 日，三星重工再次从欧洲地区的船东处获得了 3 艘破冰油轮订单。2014 年 10 月 9 日，三星重工又获得 42000 DWT 级破冰油轮订单。42000 DWT 级破冰油轮的船长、宽分别为 249 m、34 m，其将俄罗斯亚马尔半岛附近 Novy Port 油田生产的原油运输到不冻港 Murmansk，最后一艘船舶的交付期为 2017 年 4 月 30 日。船舶运行中可破最厚 1.4 m 的冰层且可保持 6.3 m/s 航速，而且可在-45℃严酷环境下运行。同时，其采用迄今为止韩国造船厂获得订单的破冰商船中的最高规格"Arc-7 Ice-class"。

破冰型半潜式运输船"AUDAX"号是广船国际为 ZPMC-REDBOX 建造、服务于 Yamal LNG 项目的一艘 28500 t 载重、双桨、双柴油机推进的破冰型运输船，其具有低能耗、绿色环保、高性能等特性。"AUDAX"号是目前唯一可以在北冰洋冬春冰冻季节连续运输 LNG 大型设备模块至塞贝塔港的船舶，对于整个 Yamal LNG 项目的开发具有决定性的作用。该船船体外形与推进器的布置使其在平整冰层及碎冰中具有良好的操作性，达到 DNV Polar 3 级和极地冰级符号"PC-3"的相关要求，冰区等级达到俄罗斯规范中的最高冰区等级 Arc7，可常年在极地冰区航行，而且能在 1.5 m 冰厚的海况下保持 1.02 m/s 的航速。

破冰船按照动力的不同可分为柴油动力和核动力两种，其中核动力推进系统的破冰船只由俄罗斯拥有，主要用于开辟北极航道。新型的破冰船因为吊舱式推进器的发展而具备了艏、艉双向破冰的能力。另外，芬兰的 Aker Arctic Technology 公司设计了全球第一艘斜破冰船——"ARC 100"破冰船，一艘斜式破冰船为干散货船破冰引航的能力相当于两艘传统破冰船并行破冰的能力。该破冰船还能溢油回收，具有常年在极其寒冷的海域进行破冰作业和溢油回收的能力。

7.4.3　我国渤海工程

（1）渤海石油平台：渤海冰区油气开发中以导管架平台和沉箱平台作为主要的载体形式。目前，渤海海域共有石油平台 1000 余个，其中位于 10 m 等深线以上的有 600 余个，集中在辽东湾、渤海湾中西部海域。

沉箱结构：JZ9-3 沉箱平台处于渤海冰区（图 7.3），由于离岸边很近，水深不足10 m，在同海域中冰情相对严重。渤海冰区冰期通常为 12 月至次年 3 月初，现有设计规范中平整冰厚 0.45 m，重叠冰厚超过 1 m。海冰运动主要受到潮汐和风的驱动，为半日潮。沉箱平台斜面角度为 58°，由于潮位的变化，水面的直径为 30～40 m。

图 7.3　渤海 JZ9-3 沉箱平台

导管架平台：2005 年前建造的导管架平台大多是直立桩腿形式，还有一些功能性并非很强的结构仍然以直立桩腿形式存在，如 JZ9-3MDP1、JZ9-3MDP2 平台。MDP-1 桩腿的直径是 1.5 m，平台水上部分高 10 m，通过 40 m 的栈桥与主平台相连，栈桥与平台上部由滑动铰连接。该平台上部质量为 34 t，导管架质量为 80 t，MDP-2 与 MDP-1 的结构基本相同。

有一些直立桩腿形式的平台在经历了强烈稳态振动后进行了加锥改造，如 JZ20-2MSW平台，也包括在设计过程中就安装了锥体的平台，如 2005 年投产的 JZ20-2NW 平台。JZ20-2 MSW 平台为无人驻守简易平台，距离 MUQ 平台约 1.5 海里，平台所在海域水深为 16.5 m，平台上层甲板标高为 14 m，下层带缆走道标高为 5.52 m。平台上部组块质量约为 200 t，导管架重量约为 204 t。平台为三腿导管架结构，并有 3 根隔水套管在桩腿之间。JZ20-2MSW 平台在起初设计时为直立腿结构，从第一个冬季开始，该平台就频繁经历强烈的冰激振动，1999～2000 年冬季曾发生过冰激振动导致天然气管线泄漏的事件，幸好及时采取措施才避免了事故发生。事实证明，三腿导管架不具有良好的抗冰性，特别是桩腿之间的 3 根隔水套管更增加了结构的迎冰面积，导致冰力的增大。为了降低 JZ20-2MSW 平台的冰激振动，在 3 个桩腿的水线位置安装了破冰锥体，有效降低了冰激振动的幅值，但锥体结构的共振现象仍然存在。

JZ20-2NW 平台高度为 29.5 m，其中水下部分为 13.5 m，导管架直径为 3.5 m。该平台采用了上部独腿、水下 3 桩的导管架设计，并在水线处安装了抗冰锥体，锥体为正倒锥组合体，上下锥锥角都是 60°，正倒锥交界处锥径为 6 m。独腿锥体结构的设计有效降低了冰力和冰激振动，在服役后的多个冬季几乎不用进行破冰作业，大量节省了开支。

（2）沿海核电工程：渤黄海海域的核电站有红沿河核电站和筹办中的徐大堡核电站、东港核电站。

辽宁红沿河核电站位于辽宁省大连市瓦房店东岗镇，地处瓦房店市西端渤海辽东湾东海岸。规划建设 6 台机组，采用中国改进型 CPR1000 压水堆技术，单机容量 100 万 kW，设计寿命 40 年，综合国产化率约 60%，1 号机组于 2007 年 8 月正式开工，2012 年建成投入商业运营。

（3）大型港口码头工程：环渤海地区有 3 个次级港口群，分别为辽宁港口群、津冀港口群和山东沿海港口群，并分别以大连港、天津港、青岛港为主导对这 3 个次级港口群进行了布局，明确了环渤海三大港在环渤海地区的主导地位。

辽宁沿海港口群以大连港和营口港为主，包括丹东、锦州等港口，主要服务于东北三省和内蒙古东部地区。辽宁沿海以大连、营口港为主布局大型、专业化的石油（特别是原油及其储备）、液化天然气、铁矿石和粮食等大宗散货的中转储运设施，相应布局锦州等港口；以大连港为主布局集装箱干线港，相应布局营口、锦州、丹东等支线或补给港口；以大连港为主布局陆岛滚装、旅客运输、商品汽车中转储运等设施。

津冀沿海港口群以天津港和秦皇岛港为主，包括唐山、黄骅等港口，主要服务于华北及其向西延伸的部分地区。津冀沿海港口以秦皇岛、天津、黄骅、唐山等港口为主布局专业化煤炭装船港；以秦皇岛、天津、唐山等港口为主布局大型、专业化的石油（特别是原油及其储备）、天然气、铁矿石和粮食等大宗散货的中转储运设施；以天津港为主布局集装箱干线港，相应布局秦皇岛、黄骅、唐山港等支线或喂给港；以天津港为主布局旅客运输及商品汽车中转储运等设施。

（4）大型跨海桥梁工程。胶州湾大桥：青岛海湾大桥又称胶州湾跨海大桥，是国家高速公路网 G22 青岛到兰州高速公路的起点段，是山东省"五纵四横一环"公路网框架的组成部分，是青岛市规划的胶州湾东西两岸跨海通道"一路、一桥、一隧"中的"一桥"。其起自青岛主城区海尔路经红岛到黄岛，大桥全长 36.5 km，投资 100 亿元，历时 4 年，其全长超过我国杭州湾跨海大桥与美国切萨皮克湾跨海大桥。该大桥于 2011

年 6 月 30 日全线通车，是我国自行设计、施工、建造的特大跨海大桥。这一在冰冻期长、含盐度高的胶州湾海域建成的跨海大桥克服重重不利因素，在大胆创新、按时交工的同时，创下了众多中国和世界桥梁建筑史上的"第一"。因为面临着海水、海雾的双重腐蚀，该大桥在建设中投资亿元，采用海工高性能混凝土及主桥外加电流阴极保护、混凝土表面涂装防护的组合型防护方式进行防腐。此外，胶州湾大桥的红岛互通立交桥是中国首个海上互通立交桥。该大桥在国内外首次实现了海洋环境中的水下结构干法防腐施工，国内首次成功实现了海工高性能混凝土超长距离（900 m）泵送，国内首次在大跨度预应力桥梁工程中使用引气混凝土技术。

（5）大型沿海能源（不含核电）工程。

风电工程：大连驼山等沿海风电场工程；沧州、唐山沿海风电基地；启动沿海及海上百万千瓦级风电基地建设。

热电工程：国电沈阳西部、国电电力大连开发区、华电丹东金山、华润沈阳浑南、华润盘锦、国电电力朝阳、抚顺西部热电、大唐国际沈抚连接带、华能大连第二热电、中电投本溪、国电电力普兰店、大唐国际葫芦岛等"上大压小"热电工程；中电投大连甘井子、国电鞍山、华能沈北等热电工程，唐山主城区、沧州渤海新区 2×30 万 kW 热电。东营重点推进大唐东营电厂建设、胜利电厂三期工程建设，积极发展东营经济技术开发区、东营港经济开发区、垦利经济开发区和山东河口蓝色经济开发区 30 万 kW 以上热电联产及热电冷联产等项目建设。

火电工程：中电投燕山湖电厂"上大压小"、中电投清河电厂"上大压小"二期和三期、华润锦州发电"上大压小"、华能丹东电厂二期、华电彰武电厂等。

水电工程：长甸水电站扩建、蒲石河抽水蓄能电站、桓仁抽水蓄能电站等。

油气工程：锦州国家石油储备基地和大连液化天然气项目接收站工程、秦沈输气等沿海油气管道工程、中国石油大连液化天然气项目、中国石油秦皇岛—沈阳天然气管道项目、大唐国际阜新煤制天然气及管输工程项目、中国海油锦州 25-1 南天然气管道运输建设项目、锦州国家石油储备库工程。

（6）长兴岛"石化岛"建设工程（炼油能力超过 4000 万 t、烯烃类 260 万 t、芳烃类 500 万 t 的世界级石化产业基地）、曹妃甸石化基地建设工程、华北石化炼化一体化改造工程等。

7.5　输电线路工程

7.5.1　输电线路工程的特点

输电线路工程是冰冻圈区域重要的工程类型之一。冰冻圈区域大多地处偏远地区，电力工程建设较少。由于经济建设发展，苏联在 20 世纪 60 年代就开始在多年冻土地区进行输电线路建设，其输电线路规模、输电线路变化类型等方面均超出其他国家。美国多年冻土区输电线路建设总体在阿拉斯加州南部季节冻土区。加拿大较为著名的是魁北克水电的电力传输系统，部分区段位于多年冻土区边缘和深季节冻土区。我国早期在东北多年冻土区进行输电线路建设，并于 2005 年进行了青藏铁路 110 kV 输电工程建设，2010 年开始进行了青藏直流联网工程建设。2011 年 9 月青藏直流联网工程建成投运，成为我国多年冻土区输电线路工程建设的标志性工程。2013 年，玉树与青海主网 330 kV 输电线路工程建成投运。中国是继俄罗斯之后第二个在多年冻土腹地进行大规模输电线路建设的国家。

输电线路主要冻土工程问题为冻胀融沉、冻拔、不良冻土现象以及气候变暖及冻土退化产生的影响等。工程建设改变了冻土环境，诱发和加剧了冻胀的发生，对输电线路塔基稳定性造成影响。多年冻土区输电线路基础冻结力、桩端承载力是维持塔基稳定性的重要基础，冻土的退化和融沉性对输电线工程稳定性的影响也不可避免。季节融化层下多年冻土的融化对基础稳定性影响较大，可减小基础承载力，并引起塔基显著破坏。同时，随着气候变暖，荒漠化、沙漠化过程加剧，以及工程作用和影响，导致多年冻土退化，热融沉陷、塌陷、冰椎等不良冻土现象不断出现，进而导致冻土的力学和热学稳定性下降，对塔基稳定性造成影响。对于塔基而言，其冻胀变形量与冷季的地表温度及季节活动层深度密切相关，冷季地表温度越低、活动层厚度越大，塔基冻胀变形越强烈。此外，基础类型、受力条件、斜坡地形、地下水位等因素对多年冻土区塔基的稳定性具有重要影响。

鉴于输电线路属于点线工程，通过塔位的调整和场地选择，可以在一定程度减小冻融灾害对塔基稳定性的影响。因此，注重对局地因素条件下冻土发育分布规律的研究，从线路选线阶段就可以从很大程度上避免冻融灾害的发生。塔基地质环境、不良冻土现象、不同地貌单元、冻土的热稳定性特征及施工作业便捷性等都是影响输电线路边线、塔基边位的重要因素。在输电线路选线、勘察过程中，需要注重分析输电线路沿线的冻土分布、冻土类型和不良冻土现象等工程地质情况，注重掌握季节活动层深度、年平均地温等特征参数，从而有效避免或减小输电线路投运后的冻融灾害可能造成的影响。

输电线路的工程稳定性主要在于基础与冻土的相互作用，而塔基类型则对基础与冻土的相互作用具有重要影响。因此，选择合适的基础形式，能削减冻土的冻胀危害。电压等级较高的输电线路塔基主要为插入桩和钻孔灌注桩，主要根据输电线路的电压等级、冻土类型、线路位置、冻拔强度等确定。

工程施工主要包括施工季节的选择，以及施工方法和途径的选择。由于施工过程对多年冻土区脆弱生态环境可能造成破坏，以及暖季环境对施工进程可能会产生重要影响，如冻结层上水的发育、冻土融化、湿地水分聚集等，出于环境和施工双重考虑，在冻土区进行施工，特别是在冻土的重点地段，选择冬季施工现已成为国内外最为常见的做法。

在冬季施工的基础上，快速施工也是保证工程顺利进行的重要原则之一。在快速施工方面，按照充分准备、快速开挖、快速浇筑和及时回填的施工方法，严格控制冻土基础施工时间，减少基坑开挖后阳光等环境因素对冻土的扰动。施工质量对于塔基的基础稳定性具有非常大的影响。金属塔基对附近区域具有显著的热效应，增加了活动层冻融深度和冻融周期，对塔基的稳定性造成不利影响。

多年冻土区脆弱的生态环境极易受到自然环境、人类工程活动的影响，易导致植被退化和植物群落改变，同时导致地下冰融化、冻土上限下降、冻土厚度减薄等，并对冻土工程稳定性产生重要的反馈作用，因此，施工过程对多年冻土区脆弱生态环境的保护就显得尤为重要。工程线路应尽可能避开自然保护区，最大限度地降低对生态环境的影响，通过冬季施工、植被恢复等有效措施，达到减小对生态环境影响、确保工程稳定的目的。

7.5.2　青藏直流联网工程

青藏直流联网工程是我国西部大开发的重点工程之一，也是我国在青藏高原多年冻土区建设的继青藏公路、青藏铁路之后的又一项重大工程。该工程由西宁－格尔木750 kV 输变电工程、格尔木－拉萨±400 kV 直流输电工程、藏中220 kV 电网工程三部分组成。其中，格尔木－拉萨±400 kV 直流输电工程全长 1038 km，沿线平均海拔4500 m，最高海拔 5300 m，海拔 4000 m 以上地区超过 900 km。该线路总体上与青藏公路平行，在其穿越的 550 km 多年冻土区中，共有杆塔 1207 基，占全线基础总量的 51%。该工程于 2010 年 7 月 29 日全面开工建设，于 2011 年 12 月 9 日竣工投运，共历时 1 年4 个多月。该工程是世界上首次在海拔 4000～5000 m 及以上建设的高压直流线路，且首次在海拔 3000 m 以上建设了直流换流站，其建设投产将对西藏经济和社会的可持续发展起到重要的战略保障和促进作用。在输电线路跨越的多年冻土区中，多年冻土热稳定性差、水热活动强烈、厚层地下冰和高含冰量冻土所占比重大、对环境变化极为敏感，冻胀、融沉以及冻拔作用等问题对工程的设计、施工和安全运营等构成了严重威胁，尤其是气候变化引起的冻土不断退化更加剧了这些问题的产生。

1. 多年冻土分布特性及其变化

青藏直流联网工程线路总体上与青藏公路平行，因而其冻土总体分布格局及其特征与青藏公路相同。调查表明，青藏直流联网工程输电线路穿越了季节性冻土、岛状多年冻土及连续多年冻土等类型的冻土地段。其中，格尔木至西大滩地段为季节性冻土区；西大滩至安多地段为连续多年冻土区，长约 550 km，且该地段高含冰量冻土约占总长的40%；安多至那曲地段为岛状多年冻土区。在地温分布方面，多年冻土区，线路通过高温极不稳定区约 199.7 km，占多年冻土区总长的 36.6%；高温不稳定区约 74.5 km，占总长的 13.6%；低温基本稳定区约 110.7 km，占总长的 20.3%；低温稳定区约 59.7 km，占总长的 10.9%；融区约 101.7 km，占多年冻土区总长的 18.6%。由此可见，在线路穿越的多年冻土区，大致有 50%的里程是高温不稳定及极不稳定区。这些区域由于地温高、含冰量大，对温度的变化敏感，冻土的稳定性差，易受到扰动。

由塔基天然场地冻土在 2013 年 6 m 深度处的年均地温（图 7.4）可以看出，线路低温冻土区主要分布在昆仑山区、可可西里山区及风火山区，其 6 m 深度年平均地温低于–2℃，共计塔基数量 14 基；6 m 深度年平均地温为–2～–1℃的塔基主要分布于楚玛尔河高平原、可可西里山区、风火山区及唐古拉山区，共计塔基数量 36 基；年平均地温在–1～–0.5℃的塔基主要分布于红梁河、通天河及温泉盆地等区域，共计塔基数量 26 基；年平均地温在–0.5～0℃的塔基主要分布于沱沱河、通天河区域，共计塔基数量 22 基；6 m 深度年平均地温高于 0℃的塔基主要分布于沱沱河盆地、温泉盆地以及安多附近区域，共计塔基数量 21 基。

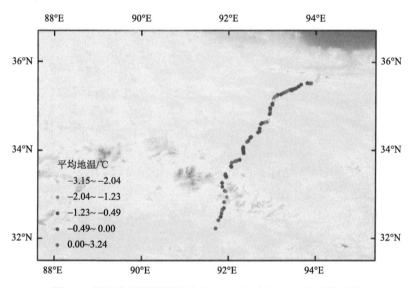

图 7.4　线路监测塔基塔腿底部（6 m 深度）2013 年平均地温

对比分析监测塔基 2013 年与 2017 年 6 m 深度年平均地温，可以看出，全线 120 个监测点中，114 个监测孔中 6 m 深度年平均地温呈现升高趋势，仅有 6 个监测孔年平均地温呈降低趋势，平均升温速率 0.06℃/a。升温最显著（大于 0.1℃/a）的场地主要位于昆仑山区、楚玛尔河高平原、风火山地区以及唐古拉山区。青藏高原浅层冻土的升温趋势已经非常显著，而且从 2013～2017 年的监测数据来看（平均 0.6℃/10a，最大 2.2℃/10a），该升温速率显著高于青藏高原多年冻土 6 m 深度年平均地温的升温速率（0.12～0.67℃/10a）。对比相关预测分析结果发现，目前已经发生的地温升温速率显著高于 2002 年预测的青藏高原气温 0.44～0.52℃/10a 的升温速率。青藏直流联网工程沿线的地温监测结果表明，目前工程沿线多年冻土处于快速的退化过程中，线路塔基未来将面临更为严峻的由冻土退化引起的融沉的威胁。

2. 塔基冻土基础设计

与多年冻土区青藏铁路、青藏公路工程相比,青藏直流输电线路的工程结构、基础与冻土的相互作用,以及施工过程、面临的冻土工程问题等都有很多特殊性,这些都需要在输电线路的工程建设和研究中给予充分重视,其特殊性主要表现在以下几个方面。

在工程展布方面,输电线路工程属于点线工程,每个塔基的稳定性对整个线路工程的稳定性有至关重要的影响,因此输电线路对基础稳定性的要求更高;在施工过程方面,在输电线路工程建设中,塔基只能采用开挖式基础,施工过程中太阳辐射直接到达暴露的冻土,引起冻结层上水的涌入等问题,对地基冻土稳定性造成显著的直接影响;在工程结构方面,输电线路上部荷载通过塔基集中作用在冻土持力层上,随着冻土基础性状的改变,可以直接、快速地对塔基稳定性造成影响;在传热过程方面,输电线路均深入冻土内部,研究结果显示,由于混凝土的强化导热作用,塔基周边土体地温具有变化过程加快、变化幅度增加,以及融化深度加深等现象。青藏直流线路冻土工程的冻土问题具有更大的特殊性,为此,工程设计人员通过两个方面的工作保证该线路塔基的长期稳定。

1) 基础类型设计

与常规地区不同,为了尽可能降低施工过程对多年冻土的扰动,青藏直流联网工程冻土区塔基的施工采取了冬季施工的措施。为此,冻土区塔基除了采用常规的基础类型外,工程研究人员为了减小现场施工人员的工作量,研发设计了预制装配式基础(图 7.5),该类基础大量采用大大提高了基础的施工效率,不但降低了对冻土的扰动,也大幅降低了现场劳动人员的作业时间,且取得了良好的社会和经济效益。

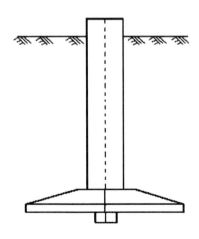

图 7.5　预制装配式基础示意图

包括上述的预制装配式基础在内,青藏直流联网工程冻土区塔基共采用了 5 种基础类型,包括锥柱式基础、灌注桩基础、预制装配式基础、掏挖式基础及人工挖孔基础。

根据基础受力状况、环境条件、冻土地温及含冰量的不同，塔基采用的基础类型也有所不同。对于各种类型的基础，其埋深一般均大于季节活动层厚度。

2）新材料、新工艺防冻融设计

针对高海拔多年冻土区混凝土基础融沉、冻胀、冻拔等工程病害特点，青藏直流联网工程冻土基础设计中主要采用了玻璃钢模板、热棒、润滑剂、地基土换填等新工艺和新材料技术措施保障基础的稳定性，其中玻璃钢模板和热棒的使用最为广泛。

玻璃钢模板的采用在多年冻土区基础工程建设中具有较强的优点：①代替钢板、一次性浇筑成形，省去养护和拆模的流程，缩短基坑暴露时间，减小对冻土的扰动；②减少混凝土水化热对冻土的扰动；③具有防水、防腐蚀功能，减小反复冻融及土体中盐分对混凝土基础的侵蚀和破坏；④其表面光滑，显著减小基础表面的切向冻胀力，提高稳定性。根据冻土环境条件的不同，玻璃钢模板对混凝土基础进行了全封闭或半封闭的保护。低温热棒技术是一种几乎广泛应用于各种寒区岩土工程的无须外界动力、利用低温大气环境中的冷能就能快速降低周围土体温度、提高周围工程构筑物稳定性的一种工程措施。在青藏直流联网工程建设过程中，共安装了近 7000 根热棒，监测结果表明，热棒的应用有效降低了塔基基础周围及底部地基土温度，提高了冻土基础的稳定性，其是保持该线路稳定运行的重要工程措施。

3. 冻土基础工程稳定性及其变化特性

虽然塔基施工对冻土的扰动较大，但由于冻土区塔基多数采取了冬季施工的措施，同时由于其他工程措施的合理应用，塔基回填土在经过第一个冻结期之后便完成了回冻，并在 2011～2018 年的整个变化时段，塔基底部均保持冻结状态，整体上表现出较好的温度状态。在塔基地基土良好冻结条件下，塔基总体上表现出较好的稳定性，截至 2018 年底，观测塔基基本稳定，未发生严重的影响塔基稳定的案例。总体来看，与以往多年冻土区输电线路塔基以冻拔为主的变形类型不同，可能受到青藏高原多年冻土总体上地温高、力学稳定性差的影响，青藏直流联网工程冻土区塔基的变形以沉降为主，该类塔基占总观测塔基的 70%左右，只有 30%左右的塔基表现出不同程度的冻拔或冻胀。

如图 7.6 所示，对沿线不同区域塔基的变形特性进行了统计，图中变形量大于 0 mm 表示塔基冻胀，小于 0 mm 表示沉降，塔基变形的箱型图越长，表示不同塔腿垂向变形的差异越大。可以看到，青藏直流联网工程塔基变形呈现较明显的区域特征，不同区域的塔基变形存在显著差异，如楚玛尔河高平原、五道梁段塔基主要表现为沉降特征，而乌丽盆地—开心岭区段主要表现为冻胀变形特征。昆仑山、唐古拉山塔基总体较为稳定，塔基变形量较小。另外，在红梁河-北麓河段，塔基可能发生较大的差异变形。

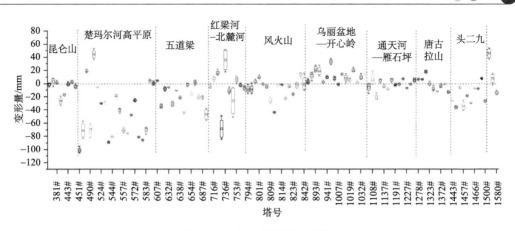

图 7.6　输电线路塔基变形特征

　　塔基的区域变形分布特征说明基础稳定性受区域地质条件、冻土特征的影响，因为在某一地形地貌单元内，其冻土特征、地质条件、水文特征具有较高的相似性，从而导致了塔基相似的变形特征。冻土地基温度是塔基变形过程的主要控制因素。除温度外，基础底部附近水分对塔基稳定性也具有较为显著的影响。塔基基坑开挖后地下冰及高含冰量冻土会受到直接的太阳辐射，从而引起融化水分在基坑底部富集。目前，青藏直流联网工程冻土区塔基主要受到地形地貌、不良冻土现象和热棒的影响。位于山坡上的塔基，由于山坡浅层土体在冻融作用下会发生沿下坡方向的蠕滑，在基础下坡一侧一定深度内形成临空面，从而引起基础上、下坡方向应力的失衡，导致基础发生沿坡向的位移，降低塔基的稳定性。不良冻土现象，尤其是冰椎的发育过程对塔基的稳定性影响强烈，事实上，与冰椎联系紧密的如地下水分布、热融湖等都可能显著影响塔基的变形状况及稳定性，相比其他因素，该影响可能更为直接、快速，甚至可能危及塔基的稳定性。

　　对于青藏直流联网工程，基坑回填会普遍存在回填土内部出现大空隙、回填土-原状土边界裂缝发育的现象，在降水量增大的背景下，自由水沿大空隙及裂缝下渗，这种下渗水分不但可能大幅度增大冻土地基的退化及融化速率，还可能引起基础底部附近的水分富集。随着大气降水量的不断增大，回填土中的下渗水分会逐渐增多，基础底部水分的富集速度可能进一步加快，虽然在热管作用下其目前处于冻结状态，但随着气候暖湿化进程的持续进行，该水分可能危及塔基的长期稳定。

7.5.3　其他国家冰冻圈作用区输电线路工程

　　本部分以阿拉斯加希利（Healy）输电线路工程与西西伯利亚输电线路工程为例，简单介绍在极地高寒地区跨越地域性的输电线路实际工程中所遇到的问题及其所使用的解决办法。

1. 阿拉斯加希利输电线路工程

该输电线路工程位于阿拉斯加北极地区,是由鑫谷电气协会(GVEA)修建的 230 kV 北联输电纽带的电路工程。该输电线路位于阿拉斯加内部,其经过的区域全部为不连续冻土区域。

该输电线路总长 154 km,经过四个不同的地质区域和大面积的不连续冻土区。线路第一个 10 km 的区域位于塔纳诺河河岸的煤矿运输道路和碎石悬崖之间。接下来的 38 km 穿越了阿拉斯加山脉的北面山麓段。出了阿拉斯加山脉之后的 96 km 段则需要越过塔纳诺河流域,该流域地势相对平坦,但该区域多为湿地和沼泽。最后 10 km 经过的区域不仅穿越了塔纳诺河(桥长 760 m),之后还要通过一段人烟稀少的工业区,终点站即阿拉斯加费尔班克斯的威尔逊变电站。

该工程的塔纳诺河平滩段位于阿拉斯加山脉山麓的北坡,输电线路穿越塔纳诺河平滩低地 96 km。该段位使用的杆塔结构为"X"形拉线塔。塔基和锚定处包含单钢管桩。塔基和锚定的设计考虑了塔纳诺河平滩土壤的冻结与不冻结两种情况。冻土常年温度一般大于-1℃,因此基础设计必须要考虑冻土融化对基础承载力的影响,并且开挖对冻土的扰动对于基础的服役性能的影响也不可以忽略。

沿线使用了几种不同形式的杆塔,如单轴非拉线"Y-塔"、前后拉线的"X-塔"、自支撑式"Swing 组塔"。第一种塔基形式在小尺寸基础形式时使用,第二种塔基形式最为常用。而自支撑式"Swing 组塔"一般用于大角度杆塔。所有的塔由直径大小为 12~66 英寸[①]和深度为 24~80 英尺的钢管桩支撑。

塔纳诺河河谷地段的塔基基础还需要考虑侵蚀和泥石流的影响。由于该区域的地层是由冰川冰水沉积和冲积物形成的,所以在设计基础时还要考虑上层基础的冲刷问题,并且该地区处于悬崖与和正在使用的煤矿运输道路之间,因此要考虑小尺寸的杆塔,该地段为"Y"形杆塔。

在基础设计时,根据基底冻土的工程特征,特别考虑了当基底冻土性状发生变化时其载荷能力和设施的维护,所有塔基(包括钻孔的和钢管的)的直径为 254~1676 mm。

考虑冻胀力和诸多不利因素后,区域杆塔基础设计最小深度为 11 m,而大角度的杆塔,如 SwingSet 塔设计深度达 23 m。在一些土壤松散的区域桩基有时还可能达到 27 m 深度。而且为了适应基础的差动运动,并提供可调节的连接,桩夹具为便于降低或升高的塔腿。销连接到塔腿时,允许塔架在平坦的地面上组装,并倾斜直立就位。

塔纳诺河平滩的活动层为 0.6~2.4 m。活动层厚度和黏附力是决定该区域冻胀力较高的最主要因素。活动层中冻土产生的黏附表面摩擦力引起管桩周围的土壤上隆,产生作用于管桩的向上的载荷。在设计之初,活动层内的深度为 1.2~1.5 m,黏附力为

---

① 1 英寸=2.54 cm。

2.8 kg/cm^2。塔纳诺河平滩的不稳定冻土的深度估计为 24 m，为应对冻土冻胀变化所产生的影响，设计中专门开发了评估输电线路沿线冻土冻胀变率的风险评估模型。

在施工过程中，工程队受到原先打桩经验的束缚，不能正确评估严寒地区的桩基的安装特点，不重视冻胀力的大小，施工不按照标准进行。有些地区并不按照标准预先打孔，造成了一些基础的破坏。同时，在施工过程中还遇到了许多不能控制的因素，如降雪和极端低温等，为了按时完成工程任务，施工队采取了灵活的施工措施，并在两年内完成了施工任务。

2. 西西伯利亚输电线路工程

1970～1980 年，为了满足西伯利亚石油和天然气的生产以及运输企业对供电的需求，俄罗斯在 Tyumen'Oblast 北部开始铺设大量的 100～500 kV 架空输电线路。沿线杆塔基础采用 350 mm×350 mm 的方形桩基和直径为 325 mm 的钢管桩，而杆塔部分则由多种类型的杆塔组成。在项目开始的过程中，原先采用的是俄罗斯欧洲地区的有关输电线路的标准，没有因地制宜建立新规范，原规范并不能完全适应西西伯利亚地区气候和地质条件，并且当时铺设速度过快，基础设施不完善，忽略了工程的施工质量和前期调研，造成了日后一系列病害。许多地方形成了严重的冻胀，并且威胁了输电线路安全。

为了调查病害发生的原因，自 20 世纪 90 年代后半期，俄罗斯的专家们对 Tyumen'énergoSeverny 酒店和 Noyabr'sk 供电网络的 110～500 kV 输电线路沿线的基础进行了大量的实验研究，其目的是确定塔基的关键和潜在的临界条件，确定塔地基变形的原因，并制定加固措施。大量的实验数据积累，不仅为沿线塔基提供了评估塔基性能的基础，也为原位监测和预测系统提供了理论基础。以此为基础，俄罗斯研究了塔基不稳定过程的动态描述方法，并制定了在极端地质条件下杆塔基础规划和建设的方法。

研究表明，塔基基础在冻土中属于热棒，其提高了冻土的温度，导致了冻土融化，而基础热源主要是上部杆塔金属结构对太阳能吸热产生了热效应，金属的高导热性和缺少上下结构之间的绝缘层使得下部的桩基不断被加热，从而不断增加基础底部土体的热量，导致土体和土中的冰升温融化，土体承载力降低，或者力学性质改变。图 7.7 阐明了塔基冻胀的原理。

随着桩基受到的冻胀力越来越大，桩基将会被抬升，并随着季节不断升高，甚至达到 2m，这将严重威胁上部输电杆塔的安全，如 Kholmogorskaya 至 Letnyaya 的 110 kV 输电线路中某测点，塔基由于受到冻胀而上抬，使得表面抬升超过了 2 m，如图 7.8 所示。同样的例子是位于 Vyngapur -Peschanaya 的 110 kV 输电线路某测点，由于冻胀作用，用于支撑杆塔周围的桩基被不断上抬，甚至可以清晰地看到周围横梁的痕迹。

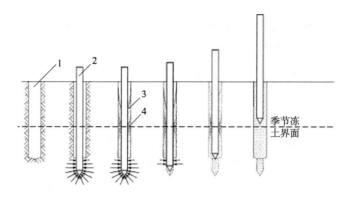

图 7.7　塔基冻胀原理图

1，桩孔；2，桩；3，不稳定土体；4，季节冻土界面

图 7.8　110 kV 输电杆塔基础与塔基破坏情况

在线路建设、运营和维护过程中发现，传统的改进设计方案并不能够保证输电线路在极端条件下的稳定性来延长塔基使用寿命，如在线路早期维修和重建时，忽略了人为的破坏冻土因素对地基产生的融沉影响是沿线塔基破坏的主要原因。而传统维修手段通常是利用钢筋混凝土桩的堆载物限制桩基冻胀，还有将杆塔设置在带有梁的桩基之上，

用以提高桩基整体抗拔能力。但是这些都不能消除冻胀，因为前者并不能消除地基下桩的冻胀，而后者在差异沉降时会产生基础表面集中冻胀，使杆塔倾斜。为了消除传统做法的缺点，俄罗斯研究人员进行了长达 15 年的研究，最终总结出三种防止桩冻胀和消除冻胀方法。

第一种方法为加强非关键部位的基础结构稳定性，防止进一步的冻胀产生；第二种方法为重建或者加固关键地区基础，提高桩基的冻胀稳定性；第三种方法为修整或者更换地基，更改桩基位置。为此，他们还专门发明了一种锚式桩基础，并在 500 多千米的线路沿线安装了 2500 个锚杆式基础，实践证明，使用该基础大大减少了检查维修的概率，也减少了基础冻胀的发生。

对于第二种方法，他们发明了热虹吸式制冷系统。实践证明，采用热虹吸式制冷技术能够有效地维持冻土温度，保持冻土的冻结状态，其适用于季节性冻土地区。尤其在环境比较恶劣的西伯利亚北部地区，热虹吸式制冷系统有利于加强基础的稳定性，减少维护工作量。该系统成功应用于诺维乌连戈伊地区的供电系统，取得了良好的效果。

对于第三种方法，他们专门研制一种特殊的桩基，称为 X 形截面钢桩（简称 X 桩）。X 桩具有体积小、易于安装、能够保护土壤结构、增大桩土接触面积、承载能力高等优点，并且 X 桩在软土地基和硬岩土地基上都可以使用。在西伯利亚线路建设过程中的经验表明，X 桩能够适应俄罗斯北部地区的多年冻土层和季节性冻土层，并且可以延长桩基的使用寿命，减少维修费用。

参 考 文 献

陈肖柏, 刘建坤, 刘鸿绪, 等. 2006. 土的冻结作用与地基. 北京: 科学出版社.

程国栋, 吴青柏, 马巍. 2009. 青藏铁路主动冷却路基的工程效果. 中国科学 E 辑: 技术科学, 39: 16-22.

崔托维奇 Н А. 1985. 冻土力学. 张长庆, 朱元林译. 北京: 科学出版社.

郭新蕾, 杨开林, 付辉. 2011. 南水北调中线工程冬季输水冰情的数值模拟. 水利学报, 42(11): 1268-1276.

季顺迎, 岳前进. 2011. 工程海冰数值模型及应用. 北京: 科学出版社.

季漩. 2013. 玛纳斯河流域雪冰产流过程模拟研究. 北京: 中国科学院大学.

贾青. 2012. 寒区平原水库护坡工程设计冰参数研究. 大连: 大连理工大学.

贾青, 李志军, 韩红卫, 等. 2015. 水库淡水冰剪切强度试验研究. 数学的实践与认识, 45(5): 132-137.

金会军, 喻文兵, 陈友昌, 等. 2005. 多年冻土区输油管道工程中的(差异性)融沉和冻胀问题, 冰川冻土, 27(3): 454-464.

赖远明, 张鲁新, 张淑娟, 等. 2003. 气候变暖条件下青藏铁路抛石路基的降温效果. 科学通报, 48(3): 292-297.

李震, 李新武, 刘永智, 等. 2004. 差分干涉 SAR 冻土形变检测方法研究, 冰川冻土, 26(4): 389-396.

李志军. 2000. 论渤海海冰特点及冰区溢油清理的难度. 中国海洋平台, 15(5): 20-23.

李志军, 严德成. 1991. 海冰对海上结构物的潜在破坏方式和减灾措施. 海洋环境科学, 10(3): 71-75.

李志军, Sodhi D S, 卢鹏. 2006. 渤海海冰物理和力学设计参数分布. 工程力学, 23(6): 167-172.

李志军, 徐梓竣, 王庆凯, 等. 2018. 乌梁素海湖冰单轴压缩强度特征试验研究. 水利学报, 49(6): 662-669.

李志军, 张丽敏, 卢鹏, 等. 2011. 渤海海冰孔隙率对单轴压缩强度影响的实验研究. 中国科学: 技术科学, 41(10): 1329-1335.

刘时银, 姚晓军, 郭万钦, 等. 2015. 基于第二次冰川编目的中国冰川现状. 地理学报, 70(1): 3-16.

刘时银, 张勇, 刘巧, 等. 2016. 气候变化对冰川影响与风险研究. 北京: 科学出版社.

刘雪琴. 2018. 重大海洋灾害对沿海地区的经济影响评估研究. 大连: 国家海洋环境监测中心.

路建国, 张明义, 张熙胤, 等. 2017. 冻土水热力耦合研究现状及进展. 冰川冻土, 39(1): 102-111.

马巍, 程国栋, 吴青柏. 2002 多年冻土地区主动冷却地基方法研究. 冰川冻土, 24: 579-587.

马巍, 王大雁, 等. 2014. 冻土力学. 北京: 科学出版社.

美国陆军部冷区研究与工程实验室. 1984. 深季节冻土地区和多年冻土地区基础设计与施工. 沈忠言译. 兰州: 中国科学院兰州冰川冻土研究所.

秦大河, 姚檀栋, 丁永建, 等. 2017. 冰冻圈科学概论. 北京: 科学出版社.

邱国庆. 1988. 中国天山高山多年冻土的形成条件. 冰川冻土, 15(1): 96-102.

沈辉, 孙启振, 董剑, 等. 2017. 2015 年南极中山站气象和海冰特征分析. 海洋预报, 34(6): 27-38.

童长江, 管枫年. 1985. 土的冻胀与建筑物冻害防治. 北京: 水利电力出版社.

王涛. 2006. 1:400 万中国冰川冻土沙漠图. 北京: 中国地图出版社.

王中隆. 2001. 中国风雪流及其防治研究. 北京: 科学出版社.

吴青柏, 牛富俊. 2013. 青藏高原多年冻土变化与工程稳定性. 科学通报, 58: 115-130.

吴青柏, 程国栋, 马巍. 2003. 多年冻土变化对青藏铁路的影响. 中国科学 D 辑, 33(增刊): 115-122.

吴青柏, 周幼吾, 童长江. 2018. 冻土调查与测绘. 北京: 科学出版社.

吴紫汪, 马巍. 1994. 冻土强度与蠕变. 兰州: 兰州大学出版社.

杨清华, 张本正, 李明, 等. 2013. 2012 年南极长城站气象和海冰特征分析. 极地研究, 25(3): 268-277.

周幼吾, 邱国庆, 郭东信, 等. 2000. 中国冻土学. 北京: 科学出版社.

Beardino P, Fornaro G, Lanari R, et al. 2002. A new algorithm for surface deformation monitoring based on the small baseline differential SAR inferferograms. IEEEE Transactions on Geoscience and Remote Sensing, 40(11): 2375-2383.

Burn C R, Moore J L, O'Neill H B, et al. 2015. Permafrost Characterization of the Dempster Highway, Yukon and Northwest Territories. Quebec: 7th Canadian Permafrost Conference.

Cheng G D, Lai Y M, Sun Z Z, et al. 2007. The 'thermal semi-conductor' effect of crushed rocks. Permafrost and Periglacial Process, 18: 151-160.

Cuffey K M, Paterson W S B. 2010. The Physics of Glaciers. Amsterdam: Elsevier.

Gabrile A K, Gikdstein R M, Zebker H A. 1989. Mapping small elevation changes over large areas: differential radar interferometry. Journal of Geophysical Research, 94(7): 9183-9191.

Harlan R L. 1973. Analysis of coupled heat-fluid transport in partially frozen soil. Water Resources Research, 9(5): 1314-1323.

Hayley D W, Horne B. 2008. Rationalizing Climate Change for Design of Structures on Permafrost: A Canadian Perspective. Fairbanks: 9th International Conference on Permafrost, Institute of Northern Engineering, University of Alaska Fairbanks, AK, USA.

Johnstone G H. 1981. Permafrost Enigineering Design and Construction. Toronto: John Wiley & Sons.

Kong X P, Chen N X, Yu J, et al. 2019. Investigation of fast ice hazards in daling river estuary. Cold Regions Science and Technology, 167: 102860.

Lai Y M, Liu S Y, Wu Z W, et al. 2002. Numerical simulation for the coupled problem of temperature and seepage fields in cold region dams. Journal of Hydraulic Research, 40(5): 631-635.

Marchenko N. 2012. Russian Arctic Seas: Navigational Conditions and Accidents. Berlin: Springer- Verlag.

Peter H V. 1974. Ice Physics. Oxford: Clarendon Press.

Qin D H, Ding Y J, Xiao C D, et al. 2018. Cryospheric science: research framework and disciplinary system. National Science Review, 5(2): 255.

Ran Y H, Li X, Cheng G D, et al. 2012. Distribution of permafrost in China-an overview of existing permafrost maps. Permafrost and Periglacial Processes, 23: 322-333.

Yao T, Thompson L, Yang W, et al. 2012. Different glacier status with atmospheric circulations in Tibetan Plateau and surroundings. Nature Climate Change, doi: 10. 1038/nclimate1580.

Yershov E D. 1988. General Geocryogology. Cambridge: Cambridge University Press.